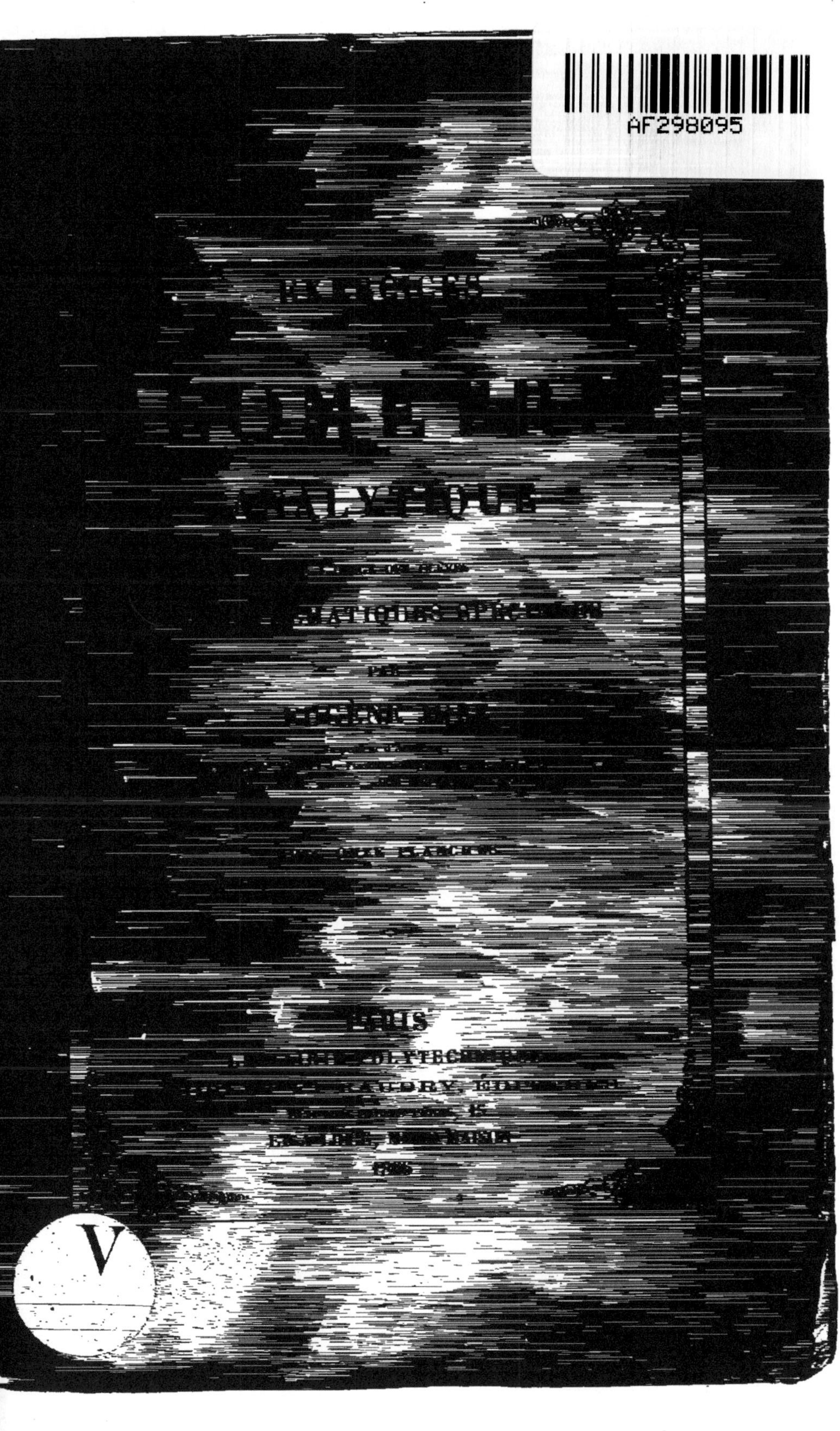

EXERCICES

DE

GÉOMÉTRIE

ANALYTIQUE

Paris. — Typ. de Ad. Lainé et J. Havard, rue des Saints-Pères, 19.

EXERCICES

DE

GÉOMÉTRIE

ANALYTIQUE

A L'USAGE DES ÉLÈVES

DE MATHÉMATIQUES SPÉCIALES

PAR

EUGÈNE JUBÉ

Inspecteur d'Académie,
Agrégé de l'Université, Officier de l'instruction publique, Membre de la Société libre
d'agriculture, sciences, arts et belles-lettres de l'Eure.

AVEC ONZE PLANCHES

PARIS

LIBRAIRIE POLYTECHNIQUE

NOBLET ET BAUDRY, ÉDITEURS

RUE DES SAINTS-PÈRES, 15

ET A LIÉGE, MÊME MAISON

1866

PRÉFACE.

C'est avec la conviction d'être utile aux élèves des classes de mathématiques spéciales, que je publie ces exercices de géométrie analytique, dont j'ai puisé une grande partie dans l'ouvrage intitulé : *a Treatise on conic sections, by the Rev. George Salmon, fellow and tutor, Trinity college, Dublin.*

Je me borne, dans ce petit volume, à des exercices concernant la ligne droite et le cercle ; mais je compte les étendre plus tard aux courbes du second degré, si toutefois mes occupations administratives me le permettent.

Je recommande surtout à l'attention des élèves la méthode abrégée des n°⁵ 24 et suivants ; je ne sache pas qu'elle ait été présentée dans aucun des traités de géométrie analytique qu'ils ont entre les mains. Cependant c'est un procédé avantageux, introduit depuis longtemps dans l'enseignement chez nos voisins. Pourquoi rester en arrière dans la patrie de Descartes ?

E. J.

Septembre 1865.

TABLE DES MATIÈRES.

EXERCICES

DE

GÉOMÉTRIE

ANALYTIQUE.

Ligne droite.

1. *Étant données les coordonnées de deux points*, $x'\,y'$, $x''\,y''$, *trouver celles d'un autre point qui partage leur distance dans le rapport de* m *à* n *(fig.* 1*).*

Soient A et B les deux points donnés, on voit aisément que si x et y sont les coordonnées du point cherché C, l'on doit avoir

$$\frac{m}{n} = \frac{AC}{CB} = \frac{PR}{QR} = \frac{x - x'}{x'' - x},$$

d'où

$$x = \frac{mx'' + nx'}{m + n}.$$

On obtient de même

$$y = \frac{my'' + ny'}{m + n}.$$

Il existe sur la ligne AB un autre point C' dont les distances à A et à B sont entre elles comme m est à n. On trouvera, comme précédemment, pour les coordonnées de ce point

$$x = \frac{mx'' - nx'}{m - n}, \qquad y = \frac{my'' - ny'}{m - n}.$$

Ces quatre points forment un système harmonique.

Quand $m = n$, le point C est au milieu de AB et a pour coordonnées

$$x = \frac{x' + x''}{2}, \quad y = \frac{y' + y''}{2};$$

mais le point C' est à l'infini.

2. *Les trois médianes d'un triangle se coupent en un même point.*

Si nous nommons $x'\, y'$, $x''\, y''$, $x'''\, y'''$, les coordonnées des 3 sommets du triangle, la médiane qui part du premier sommet a pour coordonnées de ses extrémités $x'\, y'$, et $\dfrac{x'' + x'''}{2}$, $\dfrac{y'' + y'''}{2}$. Celles du point qui est aux deux tiers de sa longueur à partir du sommet sont, d'après les formules ci-dessus :

$$x = \frac{x' + x'' + x'''}{3}, \quad y = \frac{y' + y'' + y'''}{3},$$

quantités symétriques par rapport aux coordonnées des sommets, et qu'on retrouvera nécessairement en opérant sur les deux autres médianes comme on l'a fait sur la première. Le point dont nous avons obtenu les coordonnées ci-dessus est donc sur les 3 médianes et aux deux tiers de chacune d'elles à partir du sommet.

3. *Trouver le rapport des deux segments faits sur la ligne qui joint deux points* x' y', x'' y'', *par la droite* Ax + By + C = o.

Chaque point de la ligne qui joint les deux points donnés a des coordonnées de la forme

$$x = \frac{mx'' + nx'}{m + n}, \quad y = \frac{my'' + ny'}{m + n}.$$

Le point de rencontre des deux droites ayant des coordonnées semblables et devant se trouver sur la ligne $Ax + By + C = o$, on a pour déterminer le rapport $\dfrac{m}{n}$ l'équation

$$\frac{m}{n} = -\frac{Ax' + By' + C}{Ax'' + By'' + C}.$$

Ce rapport est le même que celui des perpendiculaires abaissées des points donnés sur la droite $Ax + By + C = o$, lesquelles ont pour expressions

$$\frac{Ax' + By' + C}{\sqrt{A^2 + B^2}}, \quad \frac{Ax'' + By'' + C}{\sqrt{A^2 + B^2}}.$$

Elles seront de même signe, et le rapport $\dfrac{m}{n}$ sera positif, si elles sont toutes deux d'un même côté de la droite. Si les points donnés sont situés de côtés différents par rapport à la droite, le rapport $\dfrac{m}{n}$ sera négatif.

4. *Quand une droite* LMN *coupe les trois côtés d'un triangle, les deux produits* BL.CM.AN *et* CL.AM.BN *sont égaux* (fig. 2).

Soient $x'\,y'$, $x''\,y''$, $x'''\,y'''$, les coordonnées des sommets, et $Ax + By + C = 0$ l'équation de la transversale, alors

$$\frac{BL}{CL} = + \frac{Ax'' + By'' + C}{Ax''' + By''' + C},$$

$$\frac{CM}{AM} = - \frac{Ax''' + By''' + C}{Ax' + By' + C},$$

$$\frac{AN}{BN} = - \frac{Ax' + By' + C}{Ax'' + By'' + C},$$

donc

$$\frac{BL.CM.AN}{CL.AM.BN} = 1.$$

5. *Trouver le rapport suivant lequel la ligne qui joint deux points* $x_1\,y_1$, $x_2\,y_2$, *est coupée par celle qui joint deux autres points* $x_3\,y_3$, $x_4\,y_4$.

Cette dernière ligne ayant pour équation

$$(y_3 - y_4)x - (x_3 - x_4)y + x_3 y_4 - x_4 y_3 = 0,$$

on obtient comme ci-dessus

$$\frac{m}{n} = - \frac{(y_3 - y_4)\,x_1 - (x_3 - x_4)\,y_1 + x_3 y_4 - x_4 y_3}{(y_3 - y_4)\,x_2 - (x_3 - x_4)\,y_2 + x_3 y_4 - x_4 y_2},$$

ou

$$= \frac{x_1 (y_4 - y_3) + x_3 (y_1 - y_4) + x_4 (y_3 - y_1)}{x_2 (y_3 - y_4) + x_3 (y_4 - y_2) + x_4 (y_2 - y_3)}.$$

6. *Si l'on joint un point* O *aux trois sommets d'un triangle* ABC, *et qu'on prolonge ces lignes* AO, BO, CO *jusqu'à ce qu'elles rencontrent les côtés opposés en* D, E, F, *les deux produits* BD.CE.AF *et* CD.AE.BF *sont égaux* (fig. 3).

En nommant $x_1\,y_1$, $x_2\,y_2$, $x_3\,y_3$ les coordonnées des sommets et $x_4\,y_4$ celles du point O, l'on a

$$\frac{BD}{CD} = \frac{x_1 (y_2 - y_4) + x_2 (y_4 - y_1) + x_4 (y_1 - y_2)}{x_1 (y_4 - y_3) + x_4 (y_3 - y_1) + x_3 (y_1 - y_4)},$$

$$\frac{CE}{AE} = \frac{x_2(y_3 - y_4) + x_3(y_4 - y_2) + x_4(y_2 - y_3)}{x_1(y_2 - y_4) + x_2(y_4 - y_1) + x_4(y_1 - y_2)},$$

$$\frac{AF}{BF} = \frac{x_1(y_4 - y_3) + x_4(y_3 - y_1) + x_3(y_1 - y_4)}{x_2(y_3 - y_4) + x_3(y_4 - y_2) + x_4(y_2 - y_3)},$$

donc

$$\frac{BD.CE.AF}{CD.AE.BF} = 1.$$

7. *Exprimer l'aire d'un triangle en fonction des coordonnées de ses sommets, les axes étant rectangulaires.*

Conservons les mêmes notations pour les coordonnées des sommets. La longueur de la perpendiculaire abaissée du point $x_3 y_3$ sur le côté opposé a pour expression

$$\frac{(y_1 - y_2) x_3 - (x_1 - x_2) y_3 + x_1 y_2 - x_2 y_1}{\sqrt{(y_1 - y_2)^2 + (x_1 - x_2)^2}}.$$

Mais le dénominateur est la longueur de ce côté, donc le double de l'aire du triangle est donné par le numérateur, et

$$2S = (y_1 - y_2) x_3 - (x_1 - x_2) y_3 + x_1 y_2 - x_2 y_1;$$

ou

$$= (x_1 y_2 - x_2 y_1) + (x_2 y_3 - x_3 y_2) + (x_3 y_1 - x_1 y_3).$$

Cette expression se réduit à 0 quand les 3 points $x_1 y_1$, $x_2 y_2$, $x_3 y_3$ sont en ligne droite.

8. *On peut obtenir semblablement l'aire d'un polygone en fonction des coordonnées de ses sommets* $x_1 y_1$, $x_2 y_2$, ... $x_n y_n$.

En joignant ces derniers à un point quelconque xy intérieur, l'on obtiendra n triangles, dont les aires seront données par

$$2T_1 = x(y_1 - y_2) - y(x_1 - x_2) + x_1 y_2 - x_2 y_1,$$
$$2T_2 = x(y_2 - y_3) - y(x_2 - x_3) + x_2 y_3 - x_3 y_2,$$
$$\cdots \cdots \cdots \cdots \cdots \cdots$$
$$\cdots \cdots \cdots \cdots \cdots \cdots$$
$$2T_n = x(y_n - y_1) - y(x_n - x_1) + x_n y_1 - x_1 y_n.$$

En ajoutant, on obtient (x et y disparaissent nécessairement)

$$2S = (x_1 y_2 - x_2 y_1) + (x_2 y_3 - x_3 y_2) + \dots + (x_n y_1 - x_1 y_n).$$

9. *Trouver l'aire d'un triangle formé par les trois lignes*
$$Ax + By + C = 0, \quad A'x + B'y + C' = 0, \quad A''x + B''y + C'' = 0.$$

En résolvant ces équations deux à deux on détermine les

coordonnées des trois sommets, et. mettant ces valeurs dans l'expression trouvée plus haut, l'on obtient

$$2\,S = \left\{ \begin{aligned} &\frac{BC'-B'C}{AB'-BA'}\left[\frac{A'C''-C'A''}{B'A''-A'B''}-\frac{A'C-C'A}{B'A-A'B}\right] \\ &+\frac{B'C''-B''C'}{A'B''-B'A''}\left[\frac{A''C-C''A}{B''A-A''B}-\frac{AC'-CA'}{BA'-AB'}\right] \\ &+\frac{B''C-BC''}{A''B-B''A}\left[\frac{AC'-CA'}{BA'-AB'}-\frac{A'C''-C'A''}{B'A''-A'B''}\right] \end{aligned} \right\}$$

En réduisant au même dénominateur et observant que le numérateur de la fraction comprise entre les premiers crochets se réduit à A'' multiplié par

$$A''\,(BC'-B'C)+A\,(B'C''-B''C')+A'\,(B''C-BC''),$$

et que les autres numérateurs se réduisent à la même quantité multipliée par A et par A', l'on obtient

$$2\,S = \frac{[A\,(B'C''-B''C')+A'\,(B''C-BC'')+A''\,(BC'-B'C)]^2}{(AB'-BA')\,(A'B''-B'A'')\,(A''B-B''A)}.$$

Cette expression devient infinie si deux des lignes sont parallèles. Elle devient nulle si les trois lignes se rencontrent en un même point, c'est-à-dire si les valeurs d'x et d'y qui satisfont aux deux premières équations, satisfont aussi à la troisième, ce qui rend nul le numérateur de l'expression trouvée pour $2\,S$.

10. Si $A = o$ et $B = o$ sont les équations de deux lignes quelconques, $A + KB = o$, K étant une constante quelconque, sera l'équation d'un troisième lieu passant par les points communs aux deux premiers, car il est certain que les valeurs des coordonnées qui rendent nuls à la fois A et B rendent aussi nulle l'expression $A + KB$.

Si donc $Ax + By + C = o$ et $A'x + B'y + C' = o$ sont les équations de deux droites, $Ax + By + C + K\,(A'x + B'y + C') = o$ sera celle d'une troisième droite passant par le point de concours des deux premières.

11. *Les équations de trois droites étant* $Ax + By + C = o$, $A'x + B'y + C' = o$, $A''x + B''y + C'' = o$, *ces trois lignes se rencontreront en un même point si, indépendamment de toute valeur attribuée à* x *et à* y, *l'on a identiquement,* l, m, n *étant des constantes,*

$$l(Ax+By+C)+m(A'x+B'y+C')+n(A''x+B''y+C'')=o.$$

L'on voit en effet que si cette identité a lieu, les valeurs d'x et d'y qui satisfont aux deux premières équations, et qui sont par conséquent les coordonnées du point d'intersection des deux premières droites, satisferont aussi à la troisième; donc cette dernière droite passera par le point où les deux premières se coupent.

Par exemple, en désignant par $x_1 y_1$, $x_2 y_2$, $x_3 y_3$ les coordonnées des trois sommets d'un triangle, les équations des médianes seront

$$(2y_1 - y_2 - y_3)x - (2x_1 - x_2 - x_3)y + (x_1 y_2 - x_2 y_1) + (x_1 y_3 - x_3 y_1) = 0,$$

$$(2y_2 - y_3 - y_1)x - (2x_2 - x_3 - x_1)y + (x_2 y_3 - x_3 y_2) + (x_2 y_1 - x_1 y_2) = 0,$$

$$(2y_3 - y_1 - y_2)x - (2x_3 - x_1 - x_2)y + (x_3 y_1 - x_1 y_3) + (x_3 y_2 - x_2 y_3) = 0.$$

En ajoutant ces trois équations, la somme des premiers membres donnera identiquement o, donc les trois médianes se rencontrent au même point.

12. Il est souvent commode d'avoir l'équation d'une ligne droite en fonction de la longueur et de la direction de la perpendiculaire abaissée de l'origine sur cette droite (fig. 4).

Considérons des axes quelconques et une droite AB distante de l'origine d'une quantité $OP = p$; nommons α et β les angles que cette perpendiculaire OP fait avec les axes des x et des y. En projetant sur cette ligne le contour ONMP, correspondant à un point quelconque M pris sur AB, nous aurons toujours

$$ON \cos \alpha + MN \cos \beta = p,$$

ou

$$x \cos \alpha + y \cos \beta = p.$$

Quand les axes sont rectangulaires, $\beta + \alpha = 90°$ et l'équation devient

$$x \cos \alpha + y \sin \alpha = p.$$

On reconnaît aisément la généralité de ces équations dans lesquelles il faut donner à x, y, $\cos \alpha$, $\cos \beta$ les signes qui leur appartiennent, α se comptant à partir de l'axe des x positifs et β à partir de l'axe des y positifs, et dans l'angle des coordonnées positives.

13. *Ramener à la forme précédente l'équation d'une ligne droite* $Ax + By + C = 0$.

1° Si les axes sont rectangulaires on divise chaque terme par $\sqrt{A^2 + B^2}$, ce qui donne

$$\frac{A}{\sqrt{A^2 + B^2}}\, x + \frac{B}{\sqrt{A^2 + B^2}}\, y + \frac{C}{\sqrt{A^2 + B^2}} = 0.$$

En posant

$$\frac{A}{\sqrt{A^2 + B^2}} = \cos \alpha, \quad \frac{B}{\sqrt{A^2 + B^2}} = \sin \alpha,$$

ce qui est permis, puisque la somme des carrés donne l'unité, l'on a

$$x \cos \alpha + y \sin \alpha = \frac{-C}{\sqrt{A^2 + B^2}} = p.$$

2° Si les axes sont obliques, l'on multiplie l'équation par un facteur R et l'on pose

$$RA = \cos \alpha, \quad RB = \cos \beta.$$

En nommant ω l'angle des axes et en donnant à α et à β les valeurs qui leur appartiennent quand on les compte à partir des axes positifs et en tournant vers l'angle des coordonnées positives, l'on aura toujours

$$\alpha + \beta = \omega \ \text{ ou } \ 360^o + \omega,$$

d'où

$$\cos (\alpha + \beta) = \cos \omega,$$

ou

$$\cos \alpha \cos \beta - \sin \alpha \sin \beta = \cos \omega.$$

En élevant au carré et remplaçant

$$\sin^2 \alpha \text{ et } \sin^2 \beta \text{ par } 1 - \cos^2 \alpha \text{ et } 1 - \cos^2 \beta,$$

l'on trouve

$$\cos^2 \alpha + \cos^2 \beta - 2 \cos \alpha \cos \beta \cos \omega = \sin^2 \omega.$$

En remplaçant dans cette équation $\cos \alpha$ et $\cos \beta$ par RA et RB, l'on obtient

$$R^2 (A^2 + B^2 - 2AB \cos \omega) = \sin^2 \omega,$$

d'où

$$R = \frac{\sin \omega}{\sqrt{A^2 + B^2 - 2AB \cos \omega}}$$

et par suite l'équation $RAx + RBy + RC = 0$ devient

$$\frac{A \sin \omega}{\sqrt{A^2 + B^2 - 2AB \cos \omega}}\, x + \frac{B \sin \omega}{\sqrt{A^2 + B^2 - 2AB \cos \omega}}\, y$$

$$+ \frac{C \sin \omega}{\sqrt{A^2 + B^2 - 2AB \cos \omega}} = 0.$$

On en déduit

$$\cos \alpha = \frac{A \sin \omega}{\sqrt{A^2 + B^2 - 2AB \cos \omega}},$$

$$\cos \epsilon = \frac{B \sin \omega}{\sqrt{A^2 + B^2 - 2AB \cos \omega}}$$

et

$$p = - \frac{C \sin \omega}{\sqrt{A^2 + B^2 - 2AB \cos \omega}}.$$

14. *La longueur de la perpendiculaire abaissée d'un point* $x'\, y'$ *sur la droite qui a pour équation* $x \cos \alpha + y \cos \epsilon - p = 0$, *s'obtient en remplaçant dans cette dernière* x *et* y *par* x′ *et* y′ (fig. 5).

Soit AB la ligne donnée, et M le point $x'\, y'$; $OP = p$, et nommons p' la perpendiculaire MQ dont on veut déterminer la longueur. Si l'on mène MR, parallèle à AB, jusqu'à la rencontre de OP, l'équation de la droite MR sera

$$x \cos \alpha + y \cos \epsilon - (p + p') = 0.$$

Mais comme cette ligne passe par le point M dont les coordonnées sont x' et y', on aura

$$x' \cos \alpha + y' \cos \epsilon - (p + p') = 0,$$

d'où

$$p' = x' \cos \alpha + y' \cos \epsilon - p.$$

Le second membre de cette égalité sera positif si, comme dans la figure, le point M n'est pas situé du même côté que l'origine par rapport à AB. Il sera négatif dans le cas contraire; de sorte que, par son signe, l'expression $x' \cos \alpha + y' \cos \epsilon - p$ indiquera si la perpendiculaire est située d'un côté ou de l'autre de AB.

15. *On démontre aisément que dans un quadrilatère complet les milieux des trois diagonales sont en ligne droite* (fig. 6).

En effet, dans le quadrilatère ACBD, si l'on prend AC et AD pour axes des x et des y, en nommant a et a' les longueurs AC, AF; b et b' les longueurs AD, AE; les coordonnées du point K seront

$$x_1 = \frac{a'}{2}, \quad y_1 = \frac{b'}{2};$$

celles du point G seront

$$x_2 = \frac{a}{2}, \quad y_2 = \frac{b}{2}.$$

Enfin celles du point H seront les moitiés de celles du point B. Pour obtenir ces dernières, il faut déterminer le point d'intersection des deux droites CE et DF qui ont pour équations

$$\frac{x}{a} + \frac{y}{b'} = 1, \quad \frac{x}{a'} + \frac{y}{b} = 1.$$

Les coordonnées du point B seront donc

$$x = \frac{aa'(b-b')}{ab-a'b'}, \quad y = \frac{bb'(a-a')}{ab-a'b'},$$

et par conséquent celles du point H auront pour expressions

$$x_3 = \frac{1}{2}\frac{aa'(b-b')}{ab-a'b'}, \quad y_3 = \frac{1}{2}\frac{bb'(a-a')}{ab-a'b'}.$$

Pour que les trois points H, G, R soient en ligne droite, il faut que l'on ait

$$\frac{y_1 - y_2}{x_1 - x_2} = \frac{y_1 - y_3}{x_1 - x_3};$$

or on trouve

$$\frac{y_1 - y_2}{x_1 - x_2} = \frac{b-b'}{a-a'},$$

et

$$\frac{y_1 - y_3}{x_1 - x_3} = \frac{b'(ab-a'b')-bb'(a-a')}{a'(ab-a'b')-aa'(b-b')} = \frac{b-b'}{a-a'};$$

ce qui démontre le théorème.

16. *Quand le quadrilatère est circonscrit à un cercle, la droite qui joint les milieux des diagonales passe par le centre* (fig. 7).

Prenons le centre O pour origine d'axes rectangulaires.

Soit $x \cos \alpha + y \sin \alpha = r$ l'équation de AB, dans laquelle r désigne le rayon, et soient semblablement

$$x \cos \beta + y \sin \beta = r, \quad x \cos \gamma + y \sin \gamma = r,$$

$x \cos \delta + y \sin \delta = r$ les équations de BC, CD et DA.

Les coordonnées du point B s'obtiendront de la première et de la seconde équation; ce sont

$$x = r\,\frac{\cos\dfrac{\alpha+6}{2}}{\cos\dfrac{\alpha-6}{2}}, \quad y = r\,\frac{\sin\dfrac{\alpha+6}{2}}{\cos\dfrac{\alpha-6}{2}}.$$

On aura semblablement pour celles du point D

$$x = r\,\frac{\cos\dfrac{\gamma+\delta}{2}}{\cos\dfrac{\gamma-\delta}{2}}, \quad y = r\,\frac{\sin\dfrac{\gamma+\delta}{2}}{\cos\dfrac{\gamma-\delta}{2}};$$

de sorte que les coordonnées du point K seront

$$x_1 = \frac{r}{2}\left[\frac{\cos\dfrac{(\alpha+6)}{2}}{\cos\dfrac{\alpha-6}{2}} + \frac{\cos\dfrac{(\gamma+\delta)}{2}}{\cos\dfrac{\gamma-\delta}{2}}\right],$$

$$y_1 = \frac{r}{2}\left[\frac{\sin\dfrac{\alpha+6}{2}}{\cos\dfrac{\alpha-6}{2}} + \frac{\sin\dfrac{(\gamma+\delta)}{2}}{\cos\dfrac{\gamma-\delta}{2}}\right].$$

La droite OK a pour équation

$$y = \frac{y_1}{x_1}\,x.$$

Or on trouve

$$\frac{y_1}{x_1} = \frac{\sin\dfrac{\alpha+6+\gamma-\delta}{2} + \sin\dfrac{\alpha+6+\delta-\gamma}{2} + \sin\dfrac{\alpha+\gamma+\delta-6}{2} + \sin\dfrac{6+\gamma+\delta-\alpha}{2}}{\cos\dfrac{\alpha+6+\gamma-\delta}{2} + \cos\dfrac{\alpha+6+\delta-\gamma}{2} + \cos\dfrac{\alpha+\gamma+\delta-6}{2} + \cos\dfrac{6+\gamma+\delta-\alpha}{2}},$$

quantité symétrique en α, 6, γ, δ. On obtiendra évidemment le même résultat pour le coefficient angulaire de la droite OI et pour celui de la droite qui joint le centre O au milieu de la 3ᵉ diagonale; donc la droite qui joint les milieux des 3 diagonales passe par le centre.

17. *Si l'on abaisse de différents points donnés des perpendiculaires sur une même droite quelconque, et qu'en multipliant chacune d'elles par une constante, la somme algébrique de ces produits soit nulle, la droite passe par un point fixe dont la position ne dépend que des valeurs arbitraires données aux constantes et de la position des points donnés.*

Nommons, en effet, $x'\,y'$, $x''\,y''$, $x'''\,y'''$,... les coordonnées des points donnés, et soit $x\cos\alpha + y\sin\alpha - p = 0$ l'équation de la ligne donnée, α restant indéterminé. La longueur de la perpendiculaire abaissée sur cette ligne par le premier point sera

$$x'\cos\alpha + y'\sin\alpha - p\,;$$

de sorte que, d'après les conditions de l'énoncé, l'on aura, m', m'', m'''... étant des constantes,

$$m'(x'\cos\alpha + y'\sin\alpha - p) + m''(x''\cos\alpha + y''\sin\alpha - p) +$$
$$m'''(x'''\cos\alpha + y'''\sin\alpha - p)... = 0$$

et en désignant par $\sum(m')$ la somme $m' + m'' + m'''....$, et par $\sum(m'x')$ et $\sum(m'y')$ les sommes $m'x' + m''x'' + m'''x'''...$, $m'y' + m''y'' + m'''y'''....$, l'on obtient pour déterminer p,

$$\cos\alpha\sum(m'x') + \sin\alpha\sum(m'y') - p\sum(m') = 0.$$

En remplaçant p par sa valeur dans l'équation de la droite, celle-ci devient

$$[x\sum(m') - \sum(m'x')] + \mathrm{tg}\,\alpha\,[y\sum(m') - \sum(m'y')] = 0.$$

Comme dans cette équation $\mathrm{tg}\,\alpha$ reste indéterminée et au premier degré, il suit de ce qui a été dit au n° 10, que la droite qu'elle représente passe par l'intersection des deux lignes

$$x\sum(m') - \sum(m'x') = 0, \quad y\sum(m') - \sum(m'y') = 0.$$

Ce point, dont la position ne dépend que des valeurs attribuées aux constantes arbitraires m', m'', $m'''...$, et des positions des points donnés, a pour coordonnées

$$x = \frac{m'x' + m''x'' + m'''x'''...}{m' + m'' + m'''...}, \quad y = \frac{m'y' + m''y'' + m'''y'''...}{m' + m'' + m'''...}.$$

C'est le centre de gravité d'un système de poids m', m'', $m'''...$ appliqués aux points donnés.

18. *En général, une droite passera toujours par un point fixe quand son équation renfermera une constante indéterminée du premier degré.*

Car soit $(A + KA')\,x + (B + KB')\,y + C + KC' = 0$ une semblable équation, dans laquelle K est indéterminé ; on peut l'écrire

$$Ax + By + C + K(A'x + B'y + C') = 0,$$

et l'on voit aisément qu'elle est satisfaite par les coordonnées des points d'intersection des deux droites $Ax + By + C = 0$, $A'x + B'y + C' = 0$.

19. Comme application de ce principe, nous allons reconnaître que *si les trois sommets d'un triangle variable glissent sur trois droites données partant d'un même point, de manière que deux de ses côtés passent par deux points fixes, le troisième côté passe toujours par un même point* (fig. 8).

Soient OA, OB, OC les droites fixes; prenons les deux premières pour axes; OC aura pour équation

$$y = mx,$$

m étant une quantité donnée. Soit ABC le triangle variable dont les sommets doivent glisser sur les trois droites, de manière que les côtés AC et BC passent par les points donnés $x'y'$, $x''y''$. L'abscisse du point C étant a par exemple, son ordonnée sera ma et l'équation de AC sera

$$y - y' = \frac{y' - ma}{x' - a}(x - x'),$$

d'où l'on tire

$$OA = \frac{-a(y' - mx')}{x' - a}.$$

On obtient également

$$OB = \frac{a(y'' - mx'')}{y'' - ma}.$$

L'équation du troisième côté AB sera donc

$$\frac{x(y'' - ma)}{a(y'' - mx'')} - \frac{y(x' - a)}{a(y' - mx')} = 1,$$

ou

$$\frac{y''}{y'' - mx''}x - \frac{x'}{y' - mx'}y - a\left(\frac{mx}{y'' - mx''} - \frac{y}{y' - mx'} + 1\right) = 0.$$

Cette ligne passe donc par l'intersection des deux droites

$$\frac{y''}{y'' - mx''}x - \frac{x'}{y' - mx'}y = 0,$$

$$\frac{mx}{y'' - mx''} - \frac{y}{y' - mx'} + 1 = 0.$$

20. *Étant données deux droites AC, BC, et un point O, on mène par ce dernier une sécante variable ODE, sur laquelle on détermine un point M, harmonique conjugué du point O par rapport à D et E, tel qu'on ait* $\dfrac{MD}{ME} = \dfrac{OD}{OE}$. *Trouver le lieu du point M quand la sécante change de position* (fig. 9).

Supposons que les droites fixes aient pour équations

$$Ax + By + C = o, \quad A'x + B'y + C' = o,$$

quand on prend pour axes deux droites quelconques passant par le point O. La sécante variable aura pour équation $y = Kx$, et si l'on nomme $x'\,y'$ les coordonnées du point D, $x''\,y''$ celles du point E, et $x\,y$ celles du point M, nous aurons

$$\frac{x - x'}{x'' - x} = \frac{x'}{x''},$$

ou

$$x = \frac{2x'x''}{x' + x''}.$$

Mais si dans l'équation de AC on fait $y = Kx$, on obtient

$$x' = \frac{-C}{A + BK};$$

de même

$$x'' = \frac{-C'}{A' + B'K};$$

d'où

$$x = -\frac{2CC'}{C\,(A' + B'K) + C'\,(A + BK)}.$$

On aura l'ordonnée du point M en multipliant cette abscisse par K. Mais pour avoir le lieu cherché, il suffit de remplacer dans la valeur trouvée pour x l'indéterminée K par $\frac{y}{x}$, ce qui donne

$$C\,(A'x + B'y) + C'\,(Ax + By) + 2CC' = o,$$

ou

$$C'\,(Ax + By + C) + C\,(A'x + B'y + C') = o.$$

C'est l'équation d'une ligne droite passant par le point C, où les deux droites fixes

$$Ax + By + C = o, \quad A'x + B'y + C' = o,$$

se coupent.

21. *Si par le point O l'on mène deux sécantes quelconques et qu'on joigne les points A, E et D, B, le lieu du point N, où ces deux dernières lignes se coupent, est aussi la droite que nous venons de trouver, et qu'on nomme l'harmonique conjuguée de CO dans le faisceau CO. CA, CM, CB.*

Prenons la sécante OA pour axe des x. En conservant les notations précédentes, nous aurons

$$\mathrm{OA} = -\frac{\mathrm{C}}{\mathrm{A}}, \quad \mathrm{OB} = -\frac{\mathrm{C}'}{\mathrm{A}'}.$$

L'équation de AE sera

$$y = \frac{\dfrac{-\,\mathrm{KC}'}{\mathrm{A}' + \mathrm{B}'\mathrm{K}}}{\dfrac{-\,\mathrm{C}'}{\mathrm{A}' + \mathrm{B}'\mathrm{K}} + \dfrac{\mathrm{C}}{\mathrm{A}}}\left(x + \frac{\mathrm{C}}{\mathrm{A}}\right)$$

ou

$$(\mathrm{CA}' - \mathrm{AC}')\,y + \mathrm{K}\,(\mathrm{CB}'y + \mathrm{AC}'x + \mathrm{CC}') = 0.$$

Celle de BD sera

$$(\mathrm{AC}' - \mathrm{CA}')\,y + \mathrm{K}\,(\mathrm{BC}'y + \mathrm{CA}'x + \mathrm{CC}') = 0.$$

Les coordonnées du point N devront satisfaire à ces deux équations, et par conséquent à celle qu'on obtient en les ajoutant ; ce qui donne

$$\mathrm{CB}'y + \mathrm{AC}'x + \mathrm{CC}' + \mathrm{BC}'y + \mathrm{CA}'x + \mathrm{CC}' = 0,$$

ou comme plus haut

$$\mathrm{C}'\,(\mathrm{A}x + \mathrm{B}y + \mathrm{C}) + \mathrm{C}\,(\mathrm{A}'x + \mathrm{B}'y + \mathrm{C}') = 0.$$

22. On reconnaîtra aisément en prenant le point M pour origine que la ligne OC est le lieu des harmoniques conjugués du point M par rapport aux intersections d'une sécante quelconque menée par ce point avec les droites fixes CA, CB.

De même, en prenant le point N pour origine, on reconnaît aussi que OC est le lieu des points de rencontre des lignes, telles que AB et DE qu'on obtient en menant par le point N deux sécantes quelconques et en joignant les points où elles coupent les deux droites CA et CB.

Enfin, on voit aisément que si les lignes CO, CA, CM, CB forment un faisceau harmonique, il en est de même des droites OC, OM, ON, OA.

23. *Si par le point O l'on mène une parallèle à l'harmonique conjuguée de OC, qui est la droite CMN, les parties de cette parallèle comprises entre le point O et les droites CA, CB seront égales.*

En effet, l'équation de la ligne CMN est, comme nous l'avons vu,

$$\mathrm{C}'\,(\mathrm{A}x + \mathrm{B}y + \mathrm{C}) + \mathrm{C}\,(\mathrm{A}'x + \mathrm{B}'y + \mathrm{C}') = 0.$$

Celle de sa parallèle menée par l'origine O sera

$$C' (Ax + By) + C (A'x + B'y) = 0.$$

Les coordonnées de son intersection avec CA ($Ax + By + C = 0$) seront les solutions communes aux deux équations

$$Ax + By + C = 0 \quad \text{et} \quad A'x + B'y — C' = 0,$$

puisque $Ax + By = — C$. Ces valeurs sont

$$x = \frac{— BC' — CB'}{AB' — BA'}, \qquad y = \frac{AC' + CA'}{AB' — BA'}.$$

On trouvera semblablement les coordonnées de l'intersection de cette ligne avec CB ($A'x + B'y + C' = 0$);
ce sont

$$x = \frac{BC' + CB'}{AB' — BA'}, \qquad y = \frac{— AC' — CA'}{AB' — BA'},$$

quantités égales aux précédentes, mais de signes contraires, d'où l'on reconnaît que les distances du point O à ces intersections sont égales entre elles.

Il en sera nécessairement de même pour toute parallèle à CM menée par un point quelconque de OC.

En prenant pour origine le point M, on arriverait à un résultat semblable, de sorte que toute parallèle à OC, menée par un point quelconque de CM, est rencontrée par les droites CA, CB à des distances égales de ce point.

De même que OC et OM sont deux harmoniques conjuguées dans le faisceau CO, CA, CM, CB, de même CA et CB sont aussi deux harmoniques conjuguées, car si l'on a $\dfrac{MD}{ME} = \dfrac{OD}{OE}$, l'on en déduit $\dfrac{MD}{OD} = \dfrac{ME}{OE}$, de sorte que les points D, E sont harmoniques conjugués, et qu'il en est de même des droites CA, CB.

Si donc, d'après ce qui a été démontré, on mène par un point de l'une de ces deux droites une parallèle à l'autre, les parties de cette parallèle comprises entre ce point et les deux lignes CO, CM seront égales.

24. Il est souvent plus commode d'employer les notations suivantes, usitées dans plusieurs universités étrangères, pour représenter les lignes droites par leurs équations. Nous avons

vu, article 12, que l'équation d'une ligne droite peut être mise sous la forme $x \cos \alpha + y \sin \alpha - p = 0$, les axes étant rectangulaires, α désignant l'angle que fait la droite avec l'axe des x, et p sa distance à l'origine. Nous avons vu de plus, article 14, que la longueur d'une perpendiculaire abaissée d'un point $x' y'$ sur la droite $x \cos \alpha + y \sin \alpha - p = 0$, a pour expression $x' \cos \alpha + y' \sin \alpha - p$. Cette perpendiculaire doit être considérée comme positive si le point $x' y'$ n'est pas situé, par rapport à la droite, du même côté que l'origine; dans le cas contraire, on doit la considérer comme négative, de sorte que le trinôme $x' \cos \alpha + y' \sin \alpha - p$ représente cette perpendiculaire en grandeur et en direction.

L'équation

$$x \cos \alpha + y \sin \alpha - p - K (x \cos 6 + y \sin 6 - p') = 0$$

représente une droite passant par le point d'intersection des lignes $x \cos \alpha + y \sin \alpha - p = 0$, $x \cos 6 + y \sin 6 - p' = 0$.

Nommons, pour abréger, α et 6 ces deux trinômes, de sorte que ces deux dernières lignes, SA, SB, auront pour équations $\alpha = 0$, $6 = 0$, et l'équation de la première, SC, sera $\alpha - K6 = 0$ (fig. 10).

Si d'un point quelconque M de SC, ayant pour coordonnées $x' y'$, on abaisse sur SA et SB les perpendiculaires MD, ME, leurs longueurs auront pour expressions $x' \cos \alpha + y' \sin \alpha - p$, $x' \cos 6 + y' \sin 6 - p'$; mais comme l'équation de SC est $\alpha - K6 = 0$, on doit avoir $x' \cos \alpha + y' \sin \alpha - p - K (x' \cos 6 + y' \sin 6 - p') = 0$. On voit ainsi que K exprime le rapport $\dfrac{MD}{ME} = \dfrac{\sin ASC}{\sin BSC}$.

Pour la ligne SG, bissectrice de l'angle ASB, les deux perpendiculaires NF, NH, abaissées d'un point quelconque N sur les deux côtés de l'angle étant égales, l'on aura $\alpha - 6 = 0$.

La bissectrice SG' de l'angle extérieur ASB' aura pour équation $\alpha + 6 = 0$, car dans ce cas les deux perpendiculaires N'F' et NF sont de signes contraires, tandis que N'H' et NH ont le même signe; le rapport $\dfrac{N'F'}{N'H'}$ est donc $- 1$. D'ailleurs, les deux lignes $\alpha - 6 = 0$ et $\alpha + 6 = 0$ sont perpendiculaires entre elles, car le produit de leurs coefficients angulaires $\dfrac{\cos \alpha - \cos 6}{\sin \alpha - \sin 6} \times \dfrac{\cos \alpha + \cos 6}{\sin \alpha + \sin 6}$ donne $- 1$.

25. *Dans un triangle, les bissectrices des trois angles se rencontrent en un même point.*

Car soit $\alpha = 0$, $\beta = 0$, $\gamma = 0$ les équations des trois côtés ; celles des bissectrices seront

$$\alpha - \beta = 0, \quad \beta - \gamma = 0, \quad \gamma - \alpha = 0,$$

qui ajoutées donnent identiquement o.

26. *Les trois médianes d'un triangle concourent en un même point* (fig. 11).

Dans le triangle ABC, si du point D, milieu de BC, l'on mène les perpendiculaires DH et DK sur les côtés AC et AB, qui ont pour équations, par exemple,

$$\beta = 0 \quad \text{et} \quad \gamma = 0,$$

on obtient les relations

$$DH = DC \sin C, \quad DK = DB \sin B,$$

et comme DC = DB, on trouve

$$\frac{DH}{DK} = \frac{\sin C}{\sin B},$$

donc l'équation de la droite AD sera

$$\frac{\beta}{\gamma} = \frac{\sin C}{\sin B},$$

ou

$$\beta \sin B - \gamma \sin C = 0.$$

On trouvera de même

$$\gamma \sin C - \alpha \sin A = 0$$

pour équation de la médiane BE, et

$$\alpha \sin A - \beta \sin B = 0$$

pour celle de CF.

En ajoutant ces trois équations, les premiers membres s'évanouissent et donnent identiquement o ; donc les trois médianes se coupent au même point.

27. On reconnaît semblablement que *dans un triangle les trois hauteurs passent par un même point* (fig. 12).

Désignons comme tout à l'heure par $\alpha = 0$, $\beta = 0$, $\gamma = 0$ les équations des trois côtés BC, AC, AB.

Si du pied D de la perpendiculaire AD, nous menons DG et DH perpendiculaires sur AC et AB, nous aurons

$$DG = AD \sin DAC = AD \cos C,$$

de même

$$DH = AD \cos B,$$

donc

$$\frac{DG}{DH} = \frac{\cos C}{\cos B}$$

et par suite l'équation de AD sera

$$\mathfrak{b} \cos B - \gamma \cos C = 0.$$

Semblablement celles de BE et de BF seront

$$\gamma \cos C - \alpha \cos A = 0, \quad \alpha \cos A - \mathfrak{b} \cos B = 0.$$

En ajoutant ces trois équations, on obtient une identité; dont les trois lignes qu'elles représentent concourent en un même point.

28. En conservant encore les mêmes notations que ci-dessus, il est facile de trouver immédiatement les équations des lignes, telles que OA, qui joignent les sommets au centre du cercle circonscrit au triangle (fig. 13).

En effet, si du point O l'on abaisse sur les côtés AC et AB les perpendiculaires OD et OE, on trouve

$$OD = AO \cos AOD = AO \cos B, \quad OE = AO \cos C,$$

d'où

$$\frac{OD}{OE} = \frac{\cos B}{\cos C}$$

et par suite

$$\mathfrak{b} \cos C = \gamma \cos B.$$

On trouvera semblablement pour OB

$$\gamma \cos A = \alpha \cos C,$$

et pour OC

$$\alpha \cos B = \mathfrak{b} \cos A.$$

29. *Le centre du cercle circonscrit à un triangle, le point de concours des hauteurs et celui des médianes se trouvent en ligne droite.*

Pour le reconnaître, nous chercherons d'abord l'équation de la ligne qui joint le centre du cercle circonscrit au point de concours des hauteurs, puis nous reconnaîtrons qu'elle est satisfaite par les relations qui déterminent le point de concours des médianes.

Le centre du cercle circonscrit est donné par l'intersection des deux lignes

$$\frac{\alpha}{\cos A} - \frac{\mathfrak{b}}{\cos B} = 0, \quad \frac{\alpha}{\cos A} - \frac{\gamma}{\cos C} = 0.$$

Le point de concours des hauteurs est déterminé par les deux équations

$$\alpha \cos A - \mathcal{C} \cos B = o, \quad \alpha \cos A - \gamma \cos C = o.$$

Toute droite passant par ce dernier point a une équation de la forme (art. 10)

$$(1) \quad \alpha \cos A - \mathcal{C} \cos B + K (\alpha \cos A - \gamma \cos C) = o;$$

K étant indéterminé. De même toute droite passant par le point de concours des deux premières lignes aura une équation de la forme

$$(2) \quad \frac{\alpha}{\cos A} - \frac{\mathcal{C}}{\cos B} + K' \left(\frac{\alpha}{\cos A} - \frac{\gamma}{\cos C} \right) = o.$$

En déterminant K et K' de manière que ces deux équations (1) et (2) soient identiques, nous aurons l'équation de la droite passant par le centre et par le point de concours des hauteurs.

L'équation (1) peut s'écrire

$$(1 + K) \frac{\alpha \cos A}{\cos B} - \mathcal{C} - K\gamma \frac{\cos C}{\cos B} = o,$$

et semblablement l'équation (2) devient

$$(1 + K') \frac{\alpha \cos B}{\cos A} - \mathcal{C} - K'\gamma \frac{\cos B}{\cos C} = o.$$

Pour qu'elles soient identiques, il faut qu'on ait

$$K' \frac{\cos B}{\cos C} = K \frac{\cos C}{\cos B}$$

et

$$(1 + K') \frac{\cos B}{\cos A} = (1 + K) \frac{\cos A}{\cos B}.$$

On tire de ces relations

$$K' = K \frac{\cos^2 C}{\cos^2 B}, \quad K = \frac{\cos^2 A - \cos^2 B}{\cos^2 C - \cos^2 A},$$

l'équation (1) devient alors

$$\alpha \cos A (\cos^2 B - \cos^2 C) + \mathcal{C} \cos B (\cos^2 C - \cos^2 A)$$
$$+ \gamma \cos C (\cos^2 A - \cos^2 B) = o,$$

qu'on peut écrire

$$\alpha \sin 2 A \sin (B - C) + \mathcal{C} \sin 2 B \sin (C - A)$$
$$+ \gamma \sin 2 C \sin (A - B) = o.$$

Pour reconnaître que cette droite contient le point de concours des médianes, nous remarquerons que, d'après le numéro 26, on a pour ce dernier point les deux relations

$$\alpha \sin A - \mathcal{6} \sin B = 0, \quad \alpha \sin A - \gamma \sin C = 0.$$

Si donc l'équation ci-dessus est satisfaite quand on y remplace $\mathcal{6} \sin B$ et $\gamma \sin C$ par $\alpha \sin A$, la droite qu'elle représente passe par le point de concours des médianes. En y faisant cette substitution, on arrive à l'identité

$$\cos A \sin (B - C) + \cos B \sin (C - A) + \cos C \sin (A - B) = 0.$$

Les trois points sont donc en ligne droite.

30. *Les bissectrices de deux angles extérieurs d'un triangle se coupent sur la bissectrice du troisième angle intérieur;* car les deux premières lignes auront pour équations (art. 24)

$$\alpha + \mathcal{6} = 0, \quad \alpha + \gamma = 0,$$

qui, en les retranchant, donnent

$$\mathcal{6} - \gamma = 0,$$

équation de la bissectrice de l'angle A du triangle.

31. *Lorsque deux triangles sont tels que les perpendiculaires abaissées des sommets du premier sur les côtés du second se rencontrent en un même point, réciproquement les perpendiculaires abaissées des sommets du second triangle sur les côtés du premier passent aussi par un même point* (fig. 14).

Supposons que les perpendiculaires AS, BS, CS, menées des sommets du triangle ABC sur les côtés du triangle A'B'C' se coupent au même point S. Si $\alpha = 0$, $\mathcal{6} = 0$, $\gamma = 0$ sont les équations des lignes BC, AC, AB, et que de même $\alpha' = 0$, $\mathcal{6}' = 0$, $\gamma' = 0$ soient celles de B'C', A'C', A'B', dans le triangle CMN, la perpendiculaire CS aura pour équation (art. 27)]

$$\alpha \cos M = \mathcal{6} \cos N.$$

De même

$$\gamma \cos Q = \alpha \cos P,$$
$$\mathcal{6} \cos T = \gamma \cos R$$

seront les équations de BS et AS.

Semblablement celles de C'C'', B'B'' et A'A'' perpendiculaires sur AB, AC, et BC seront

$$\alpha' \cos P = \mathcal{6}' \cos T,$$
$$\gamma' \cos R = \alpha' \cos M,$$
$$\mathcal{6}' \cos N = \gamma' \cos Q.$$

Si les trois premières lignes passent par un même point S, les coordonnées de ce point donneront à α la même valeur numérique dans la première et la seconde équation ; il en sera de même pour 6 et γ, de sorte qu'on aura, en les multipliant et divisant par $\alpha 6 \gamma$, l'équation de condition

$$\cos M \cos Q \cos T = \cos N \cos P \cos R.$$

Cette relation est aussi celle qui indique que les trois dernières lignes, C′C″, B′B″ et A′A″ passent par un même point.

32. Considérons un faisceau harmonique, SA, SB, SC, SD (fig. 15).

Supposons que SD ait pour équation $\alpha = 0$, et que $6 = 0$ soit celle de SB. L'équation de SC sera $\alpha - K6 = 0$. Cherchons celle de SA, son harmonique conjuguée.

ABCD étant une sécante quelconque, on a, puisque le faisceau est harmonique,

$$\frac{AB}{BC} = \frac{AD}{DC}.$$

En abaissant sur SD les perpendiculaires AI et CG, puis sur SC les perpendiculaires AH et CK, l'on obtient

$$\frac{AB}{BC} = \frac{AH}{CK}, \quad \frac{AD}{DC} = \frac{AI}{CG},$$

donc

$$\frac{CG}{CK} = \frac{AI}{AH}.$$

Or, d'après ce qui a été vu à l'article 24,

$$\frac{CG}{CK} = K,$$

puisque l'équation de SC est

$$\alpha - K6 = 0.$$

L'équation de SA sera alors

$$\alpha + K6 = 0,$$

puisque le rapport $\dfrac{AI}{AH}$ est égal à K en valeur absolue, mais de signe contraire à $\dfrac{CG}{CK}$, parce que les deux perpendiculaires AH et CK sont des deux côtés différents de SB.

Il s'ensuit que quatre lignes ayant pour équations

$$\alpha = 0, \quad \alpha - K6 = 0, \quad 6 = 0, \quad \alpha + K6 = 0,$$

forment un système harmonique. En combinant la seconde équation avec la quatrième par voie d'addition ou de soustraction, on retrouve les deux autres, multipliées par un facteur constant. Lorsque $K = 1$, on retrouve les deux bissectrices des angles formés par les droites $\alpha = 0$ et $\beta = 0$.

33. *Les équations de trois droites données étant* $\alpha = 0$, $\beta = 0$, $\gamma = 0$, *celle d'une quatrième droite quelconque peut toujours être mise sous la forme* $l\alpha + m\beta + n\gamma = 0$; il suffit pour cela d'identifier cette dernière équation, après l'avoir développée, avec celle de la droite. Soit

$$Ax + By + C = 0$$

cette équation, on aura pour déterminer $\dfrac{l}{n}$ et $\dfrac{m}{n}$ les relations

$$\frac{l}{n}\cos\alpha + \frac{m}{n}\cos\beta + \cos\gamma = -\frac{A}{C}\left(\frac{l}{n}p + \frac{m}{n}p' + p''\right),$$

$$\frac{l}{n}\sin\alpha + \frac{m}{n}\sin\beta + \sin\gamma = -\frac{B}{C}\left(\frac{l}{n}p + \frac{m}{n}p' + p''\right).$$

34. *Rapporter à cette même forme l'équation d'une droite passant par deux points donnés,* $x'y'$, $x''y''$.

Nommons α', β', γ' et α'', β'', γ'' ce que deviennent α, β et γ quand on y remplace x et y par x', y' et x'', y''. On devra avoir

$$l\alpha' + m\beta' + n\gamma' = 0$$
$$l\alpha'' + m\beta'' + n\gamma'' = 0$$

d'où

$$\frac{l}{n} = \frac{\beta'\gamma'' - \gamma'\beta''}{\alpha'\beta'' - \beta'\alpha''}, \quad \frac{m}{n} = \frac{\gamma'\alpha'' - \alpha'\gamma''}{\alpha'\beta'' - \beta'\alpha''}$$

et par suite l'équation de la droite cherchée sera

$$(\beta'\gamma'' - \gamma'\beta'')\,\alpha + (\gamma'\alpha'' - \alpha'\gamma'')\,\beta + (\alpha'\beta'' - \beta'\alpha'')\,\gamma = 0.$$

35. *Rapporter à la même forme l'équation d'une perpendiculaire à la droite* $L\alpha + M\beta + N\gamma = 0$, *abaissée par un point donné* $x'y'$.

L'équation de la droite cherchée devant être de la forme $l\alpha + m\beta + n\gamma = 0$, son coefficient angulaire sera

$$-\frac{l\cos\alpha + m\cos\beta + n\cos\gamma}{l\sin\alpha + m\sin\beta + n\sin\gamma}$$

Celui de la droite donnée est semblablement

$$-\frac{L\cos\alpha + M\cos\beta + N\cos\gamma}{L\sin\alpha + M\sin\beta + N\sin\gamma}.$$

On doit avoir

$$\frac{l\cos\alpha + m\cos\beta + n\cos\gamma}{l\sin\alpha + m\sin\beta + n\sin\gamma} \times \frac{L\cos\alpha + M\cos\beta + N\cos\gamma}{L\sin\alpha + M\sin\beta + N\sin\gamma} = -1,$$

d'on l'on tire la relation

$$lL + mM + nN + (lM + mL)\cos(\alpha - \beta)$$
$$+ (nL + lN)\cos(\alpha - \gamma) + (mN + nM)\cos(\beta - \gamma) = 0,$$

qui, avec la condition

$$l\alpha' + m\beta' + n\gamma' = 0,$$

exprimant que la perpendiculaire est abaissée par le point $x'\,y'$,

suffira pour déterminer les deux inconnues $\dfrac{l}{n}$ et $\dfrac{m}{n}$.

36. *On peut aussi ramener à la même forme* $l\alpha + m\beta + n\gamma$ *= 0 l'équation de la parallèle menée par un point* $x'\,y'$ *à une droite donnée* $L\alpha + M\beta + N\gamma = 0$ (fig. 16).

Pour cela, remarquons que si BC, AC, AB sont les droites $\alpha = 0$, $\beta = 0$, $\gamma = 0$, en nommant a, b, c les longueurs des côtés du triangle et $x'y'$ les coordonnées d'un point quelconque, $\alpha'a + \beta'b + \gamma'c$ sera le double de la surface de ce triangle, car α', β', γ' expriment (art. 14) les longueurs des perpendiculaires abaissées de ce point sur les côtés. D'ailleurs la relation

$$\frac{\sin A}{a} = \frac{\sin B}{b} = \frac{\sin C}{c}$$

donne

$$\frac{\alpha'\sin A}{\alpha'a} = \frac{\beta'\sin B}{\beta'b} = \frac{\gamma'\sin C}{\gamma'c} = \frac{\alpha'\sin A + \beta'\sin B + \gamma'\sin C}{2S}$$

en désignant par S la surface du triangle. Comme le point d'où les perpendiculaires ont été abaissées est quelconque, on a donc

$$\alpha\sin A + \beta\sin B + \gamma\sin C = 2S\,\frac{\sin A}{a} = \text{une constante.}$$

Cela posé, comme toute droite parallèle à $L\alpha + M\beta + N\gamma = 0$ doit avoir une équation de la forme

$$L\alpha + M\beta + N\gamma + \text{constante} = 0,$$

en désignant par K une indéterminée, nous poserons l'équation de la parallèle demandée sous la forme

$$L\alpha + M\beta + N\gamma + K (\alpha \sin A + \beta \sin B + \gamma \sin C) = 0,$$

ou

$$(L + K \sin A) \alpha + (M + K \sin B) \beta + (N + K \sin C) \gamma = 0.$$

Si la parallèle doit passer par le point $x'y'$, on aura pour déterminer K la relation

$$(L + K \sin A) \alpha' + (M + K \sin B) \beta' + (N + K \sin C) \gamma' = 0.$$

37. Comme application de ce qui vient d'être dit en dernier lieu, cherchons *les équations des perpendiculaires élevées sur les milieux des côtés d'un triangle* (fig. 17).

Nommons toujours $\alpha = 0$, $\beta = 0$, $\gamma = 0$ les équations de ces côtés. La droite DO perpendiculaire sur le milieu du côté BC est parallèle à la hauteur AE et passe par le point d'intersection de BC avec la médiane AD.

Comme parallèle à AE, son équation sera de la forme

$$\beta \cos B - \gamma \cos C + K (\alpha \sin A + \beta \sin B + \gamma \sin C) = 0.$$

Mais comme devant passer par l'intersection de la médiane, $\beta \sin B - \gamma \sin C = 0$, avec le côté BC, $\alpha = 0$, son équation sera aussi de la forme

$$\beta \sin B - \gamma \sin C + K'\alpha = 0.$$

En identifiant cette dernière équation avec la précédente, on obtient

$$\frac{\sin B}{K'} = \frac{\cos B + K \sin B}{K \sin A}, \quad \frac{\sin C}{K'} = \frac{\cos C - K \sin C}{K \sin A},$$

et par suite

$$K = \frac{\sin (B - C)}{2 \sin B \sin C}.$$

En mettant pour K cette valeur dans la première équation, elle se réduira à

$$\beta \sin B - \gamma \sin C + \alpha \sin (B - C) = 0.$$

De même

$$\gamma \sin C - \alpha \sin A + \beta \sin (C - A) = 0$$

et

$$\alpha \sin A - \beta \sin B + \gamma \sin (A - B) = 0$$

seront les équations des perpendiculaires élevées sur les milieux des côtés AC et AB.

Si l'on ajoute ces trois équations après avoir multiplié la première par $\sin^2 A$, la seconde par $\sin^2 B$ et la troisième par $\sin^2 C$, on arrive à une identité ; ce qui doit être puisque les trois perpendiculaires passent par un même point.

38. *On retrouve ces mêmes équations en cherchant celles des droites qui joignent le centre du cercle circonscrit aux milieux des côtés.* Ce centre est donné par la rencontre des droites (art. 28)

$$\frac{\alpha}{\cos A} - \frac{\gamma}{\cos C} = 0, \quad \frac{\gamma}{\cos C} - \frac{\beta}{\cos B} = 0.$$

La droite OD passant par l'intersection de BC et de AD, aura une équation de la forme

$$\beta \sin B - \gamma \sin C + K\alpha = 0.$$

Mais comme elle passe aussi par le point O où se coupent les deux droites

$$\frac{\alpha}{\cos A} - \frac{\gamma}{\cos C} = 0, \quad \frac{\gamma}{\cos C} - \frac{\beta}{\cos B} = 0,$$

son équation aura la forme

$$\frac{\alpha}{\cos A} - \frac{\gamma}{\cos C} + K'\left(\frac{\gamma}{\cos C} - \frac{\beta}{\cos B}\right) = 0.$$

En identifiant ces deux équations, on trouve

$$\frac{\sin B}{K} = -\frac{K' \cos A}{\cos B}, \quad \frac{\sin C}{K} = \frac{(1 - K') \cos A}{\cos C},$$

d'où l'on tire

$$KK' = -\frac{\sin B \cos B}{\cos A}$$

et

$$K = \frac{\sin 2C - \sin 2B}{2 \cos A} = \sin (B - C).$$

En mettant pour K cette valeur dans la première équation, elle devient

$$\beta \sin B - \gamma \sin C + \alpha \sin (B - C) = 0,$$

ainsi qu'on l'a trouvée plus haut.

39. Les méthodes qui précèdent nous permettent de reconnaître aisément *les propriétés du quadrilatère complet* (fig. 18).

Soit le quadrilatère ABCD. Désignons par $\alpha = 0$, $\beta = 0$, $\gamma = 0$ les équations des lignes AB, AD et BC. Celle de AC sera

$$\alpha - l\beta = 0,$$

et celle de BD sera semblablement

$$\alpha - m\gamma = 0.$$

Pour avoir l'équation de DC, nous remarquerons que cette ligne passe par le point D, où se rencontrent BD et AD, et par le point C où AC et BC se coupent. Cette équation sera donc à la fois de la forme

$$\alpha - m\gamma + K\mathfrak{6} = 0,$$

et de celle-ci,

$$\alpha - l\mathfrak{6} + K'\gamma = 0.$$

En identifiant ces dernières, on trouve

$$K = -l, \quad K' = -m,$$

de sorte que l'équation de DC est

$$\alpha - l\mathfrak{6} - m\gamma = 0.$$

On trouve, par le même procédé,

$$l\mathfrak{6} - m\gamma = 0$$

pour équation de EG, et

$$l\mathfrak{6} + m\gamma = 0$$

pour celle de EF. On en conclut (art. 32) que les quatre lignes

$$\text{AE } (\mathfrak{6} = 0),$$
$$\text{EG } (l\mathfrak{6} - m\gamma = 0),$$
$$\text{EB } (\gamma = 0),$$
$$\text{EF } (l\mathfrak{6} + m\gamma = 0)$$

forment un faisceau harmonique.

On trouvera de même pour l'équation de FG

$$2\alpha - l\mathfrak{6} - m\gamma = 0,$$

d'où l'on conclura aussi que les quatre lignes

$$\text{EF } (l\mathfrak{6} + m\gamma = 0),$$
$$\text{FD } (\alpha - l\mathfrak{6} - m\gamma = 0),$$
$$\text{FG } (2\alpha - l\mathfrak{6} - m\gamma = 0),$$
$$\text{FA } (\alpha = 0)$$

forment un faisceau harmonique.

Chacune des trois diagonales est donc coupée harmoniquement par les côtés et les deux autres diagonales du quadrilatère complet.

40. *Trouver un point tel que ses distances à trois droites*

données, BC, AC, AB, *soient entre elles comme les nombres* m, m', m", *aussi donnés* (fig. 19).

Désignons par $\alpha = 0$, $\delta = 0$, $\gamma = 0$ les équations des trois droites, et soit M le point cherché. CM aura pour équation

$$\frac{\alpha}{\delta} = \frac{m}{m'}$$

ou

$$m'\alpha - m\delta = 0.$$

De même BM aura pour équation

$$m''\alpha - m\gamma = 0.$$

Les coordonnées du point M seront donc fournies par les deux équations

$$m'\alpha - m\delta = 0, \quad m''\alpha - m\gamma = 0.$$

On en tire aussi

$$m''\delta - m'\gamma = 0,$$

équation de AM.

Si les rapports $\frac{m}{m'}$ et $\frac{m}{m''}$, ne sont donnés qu'en nombres et non en signes, le problème admettra d'autres solutions qu'on obtiendra en changeant successivement les signes de m, m' et m'' dans les deux équations précédentes. En changeant, par exemple, celui de m, on trouve une nouvelle solution fournie par les deux équations

$$m'\alpha + m\delta = 0, \quad m''\alpha + m\gamma = 0.$$

Les deux droites qu'elles représentent sont les harmoniques conjuguées de CM et de BM (art. 32). En éliminant α entre ces deux équations, on trouve

$$m''\delta - m'\gamma = 0,$$

d'où l'on conclut que le point d'intersection des harmoniques conjuguées de CM et de BM se trouve sur AM. Ce point M' est une seconde solution du problème.

On en trouvera semblablement deux autres en changeant alternativement le signe de m', puis celui de m'' dans le système qui donne la première solution; on obtiendra ainsi les deux nouveaux systèmes

$$m'\alpha + m\delta = 0, \quad m''\alpha - m\gamma = 0;$$
$$m'\alpha - m\delta = 0, \quad m''\alpha + m\gamma = 0;$$

qui fournissent les points M" et M"'.

Le problème admet donc quatre solutions.

On voit de plus que les trois derniers points M′, M″, M‴ sont les harmoniques conjugués de M par rapport aux sommets et aux intersections de AM, BM et CM avec les côtés opposés, chacun d'eux se trouvant à la fois sur l'une des lignes AM, BM, CM et sur les harmoniques conjuguées des deux autres par rapport aux côtés du triangle.

41. *Si dans un triangle* ABC *l'on mène les trois lignes* AD, BE, CF *passant par un même point* O, *les points de concours des droites* DE, DF, EF *avec les côtés du triangle seront sur une même ligne droite* (fig. 20).

Désignons, comme nous l'avons fait plus haut, par $\alpha = 0$, $\beta = 0$, $\gamma = 0$ les équations des côtés du triangle. Celles des lignes CO, BO, AO seront

$$\alpha - l\beta = 0, \quad \alpha - m\gamma = 0, \quad l\beta - m\gamma = 0.$$

On formera l'équation de DE en exprimant que cette ligne passe par l'intersection de AO avec BC et par celle de BO avec AC; elle sera de la forme

$$l\beta - m\gamma + K\alpha = 0,$$

et aussi de la forme

$$\alpha - m\gamma + K'\beta = 0,$$

d'où l'on tire en les identifiant

$$K = 1, \quad K' = l,$$

et par suite pour DE l'équation

$$\alpha + l\beta - m\gamma = 0.$$

On obtiendra semblablement pour DF l'équation

$$\alpha - l\beta + m\gamma = 0.$$

On en conclura que DE et DF sont harmoniques conjuguées par rapport aux lignes DB et DA. En effet, dans le quadrilatère complet BFOD, la diagonale BHOE doit être coupée harmoniquement (art. 39), et par suite les lignes DB, DF, DA, DE forment un faisceau harmonique.

Les quatre points K, A, E, C forment donc un système harmonique. Il en est de même pour les deux autres côtés du triangle.

La ligne GK passant par le point G, intersection de DE avec

AB, et par le point K, intersection de DF avec AC, aura pour équation

$$\alpha + l\beta + m\gamma = 0.$$

Ce sera aussi cette même équation qu'on trouvera pour la droite GI, passant par le point G, intersection de DE avec AB, et le point I, intersection de EF avec BC.

Les trois points G, I, K sont donc en ligne droite.

42. *Si dans le plan d'un parallélogramme* ABCD *on mène deux parallèles* GH, EF, *aux côtés* AC *et* AB, *les diagonales* GG, IH, *des deux nouveaux parallélogrammes formés se couperont sur la diagonale* BC *du premier* (fig. 21).

Soient $\alpha = 0$, $\beta = 0$ les équations de AB et de AC ; $\beta + n = 0$, $\alpha + m = 0$, celles de BD et de CD ; $\beta + n' = 0$, $\alpha + m' = 0$ celles de GH et de EF.

Formons l'équation de BC. Cette ligne passant par le point B, intersection de BD avec AB, aura une équation de la forme

$$\beta + n + K\alpha = 0,$$

mais comme elle passe aussi par le point C, intersection de CD avec AC, son équation sera aussi de la forme

$$\alpha + m + K'\beta = 0.$$

En l'identifiant à la première on obtient

$$K = \frac{n}{m}, \quad K' = \frac{m}{n},$$

et, par suite, pour équation de BC,

$$\alpha + \frac{m}{n}\beta + m = 0.$$

Il n'y aura qu'à accentuer les lettres m et n pour avoir celle de GE qui sera ainsi

$$\alpha + \frac{m'}{n'}\beta + m' = 0.$$

La ligne KI passant par l'intersection de BC et de GE aura une équation de la forme

$$\alpha + \frac{m}{n}\beta + m + K\left(\alpha + \frac{m'}{n'}\beta + m'\right) = 0,$$

mais comme elle passe par l'intersection de EF avec BD, son équation sera aussi de la forme

$$\alpha + m' + K'(\beta + n) = 0.$$

En identifiant ces deux équations on obtient

$$K = -\frac{n'}{n}, \quad K' = \frac{m-m'}{n-n'},$$

et, par suite, pour KI l'équation

$$(n-n')\,\alpha + (m-m')\,\mathfrak{b} + mn - m'n' = 0.$$

Pour obtenir KH il faudra identifier

$$\alpha + \frac{m'}{n'}\,\mathfrak{b} + m' + K\left(\alpha + \frac{m}{n}\,\mathfrak{b} + m\right) = 0$$

avec

$$\alpha + m + K'\,(\mathfrak{b} + n') = 0,$$

opérations qui ne diffèrent de celles qui ont servi à obtenir KI qu'en ce que m et n sont changés en m' et n' et réciproquement. L'équation de KH s'obtiendra donc en faisant les mêmes changements dans celle de KI. Comme cette dernière reste la même après ces permutations d'accents, on en conclut que KI et KH ont la même équation et que les trois diagonales BC, GE, IH se coupent en un même point.

43. *Supposons que deux triangles* ABC, A'B'C' *soient tels que les points* L, M, N *où se rencontrent les côtés* AB *et* A'B', AC *et* A'C', BC *et* B'C' *soient en ligne droite. Les lignes* AA', BB', CC', *qui joignent les sommets correspondants se coupent en un même point* (fig. 22).

Désignons par $\alpha = 0$, $\mathfrak{b} = 0$, $\gamma = 0$ les équations de BC, AC, AB, et par $l\alpha + m\mathfrak{b} + n\gamma = 0$ celle de la droite LMN où se rencontrent les côtés des deux triangles.

La ligne A'B' passant par l'intersection de AB avec LN aura pour équation

$$l\alpha + m\mathfrak{b} + n\gamma + K\gamma = 0,$$

ou

$$l\alpha + m\mathfrak{b} + n'\gamma = 0.$$

Semblablement les équations de A'C' et B'C' seront

$$l\alpha + m'\mathfrak{b} + n\gamma = 0, \quad l'\alpha + m\mathfrak{b} + n\gamma = 0.$$

La droite CC' passant par le point C aura une équation de la forme

$$\mathfrak{b} + K\alpha = 0;$$

mais comme elle passe aussi par C', son équation aura aussi la forme

$$l\alpha + m'\mathfrak{b} + n\gamma + K'\,(l'\alpha + m\mathfrak{b} + n\gamma) = 0.$$

En identifiant ces deux équations on trouve

$$K' = -\,1, \quad K = -\,\frac{l - l'}{m - m'},$$

et par suite, pour la ligne CC',

$$(l - l')\,\alpha = (m - m')\,6.$$

On arrive encore plus directement à cette dernière équation en remarquant que les coordonnées du point C' doivent satisfaire aux équations de A'C' et de B'C', et par suite à

$$(l - l')\,\alpha = (m - m')\,6$$

qu'on obtient en les retranchant. Or cette dernière est celle d'une droite passant par le point C où se coupent BC et AC, donc c'est l'équation de la droite CC'.

On aura semblablement pour BB' et AA' les équations

$$(n - n')\,\gamma = (l - l')\,\alpha,$$
$$(m - m')\,6 = (n - n')\,\gamma,$$

et comme on retrouve la première en ajoutant celles-ci, on en conclut que les trois lignes concourent en un même point.

44. *A combien de conditions doivent satisfaire les coefficients de l'équation générale du* m^e *degré en* x *et* y *pour qu'elle représente* m *lignes droites?*

L'équation générale du m^e degré en x et y renferme :

1 terme indépendant,

2 termes du premier degré en x et y,

3 termes du second degré,

4 termes du troisième degré,

. . . .

. . . .

$(m + 1)$ termes du m^e degré,

en tout

$$\frac{(m + 1)\,(m + 2)}{1 . 2} \text{ termes.}$$

En les divisant tous par le coefficient d'y^m il restera

$$\frac{(m + 1)\,(m + 2)}{1 . 2} - 1 \quad \text{ou} \quad \frac{m\,(m + 3)}{1 . 2}$$

coefficients à déterminer.

Si l'équation représente m lignes droites, on doit pouvoir la mettre sous la forme

$$(y + ax + b)\,(y + a'x + b')\,(y + a''x + b'')\ldots = 0;$$

et, en l'identifiant avec ce produit, on obtiendra $\dfrac{m\,(m+3)}{1.2}$ équations renfermant $2m$ indéterminées $a,\ b,\ a',\ b',\ a'',\ b''\ldots$ Si l'on élimine ces dernières, il restera $\dfrac{m\,(m+3)}{1.2} - 2m$ ou $\dfrac{m\,(m-1)}{1.2}$ conditions entre les coefficients.

Pour l'équation générale du second degré, ce nombre se réduit à l'unité et voici comment on peut obtenir la condition à laquelle doivent satisfaire les coefficients pour que l'équation générale donne deux lignes droites.

Il faut identifier

$$y^2 + \frac{B}{A}\,xy + \frac{C}{A}\,x^2 + \frac{D}{A}\,y + \frac{E}{A}\,x + \frac{F}{A} = 0$$

avec

$$(y + ax + b)\,(y + a'x + b') = 0,$$

ce qui donne

$$(1)\quad a + a' = \frac{B}{A},$$

$$(2)\quad b + b' = \frac{D}{A},$$

$$(3)\quad aa' = \frac{C}{A},$$

$$(4)\quad bb' = \frac{F}{A},$$

$$(5)\quad ab' + ba' = \frac{E}{A}.$$

En multipliant entre elles les équations (1) et (2) et tenant compte de la cinquième, on trouve

$$ab + a'b' = \frac{BD}{A^2} - \frac{E}{A}.$$

En ajoutant le carré de cette dernière avec celui de l'équation (5) et tenant compte de (3) et (4) on obtient

$$(a^2 + a'^2)\,(b^2 + b'^2) = \left(\frac{BD}{A^2} - \frac{E}{A}\right)^2 + \frac{E^2}{A^2} - \frac{4CF}{A^2}.$$

Mais (1) et (2) élevées au carré donnent

$$a^2 + a'^2 = \frac{B^2}{A^2} - \frac{2C}{A}, \quad b^2 + b'^2 = \frac{D^2}{A^2} - \frac{2F}{A},$$

d'où la relation cherchée

$$\left(\frac{B^2}{A^2} - \frac{2C}{A}\right)\left(\frac{D^2}{A^2} - \frac{2F}{A}\right) = \left(\frac{BD}{A^2} - \frac{E}{A}\right)^2 + \frac{E^2}{A^2} - \frac{4CF}{A^2},$$

ou

$$AE^2 + B^2F + CD^2 - BDE - 4ACF = 0.$$

45. *A combien de conditions doivent satisfaire les coefficients d'une équation générale du* m^e *degré pour qu'elle représente* m *lignes droites passant par un point donné pour chacune d'elles?*

Il faudra, comme précédemment, comparer les coefficients de l'équation générale avec ceux de celle-ci

$$[y - y' - K(x - x')]\,[y - y'' - K'(x - x'')]\ldots = 0,$$

ce qui fournira $\dfrac{m(m+3)}{1.2}$ équations renfermant m indéterminées, K, K'...; en éliminant ces dernières on obtiendra $\dfrac{m(m+3)}{1.2} - m$ ou $\dfrac{m(m+1)}{1.2}$ conditions.

Si l'équation est du second degré, il faudra que les coefficients satisfassent à trois conditions pour qu'elle représente deux droites passant par un point donné sur chacune d'elles.

46. *Le nombre des conditions serait le même si toutes les droites devaient passer par un même point.* L'équation générale devrait être rendue identique à celle-ci :

$$[y - y' - K(x - x')]\,[y - y' - K'(x - x')]$$
$$[y - y' - K''(x - x')]\ldots = 0.$$

Mais si l'on voulait seulement *trouver les conditions auxquelles doivent satisfaire les coefficients de l'équation générale du* m^e *degré pour qu'elle représente* m *lignes droites passant par un même point dont les coordonnées ne sont pas données,*

il y aurait à éliminer, entre les $\dfrac{m(m+3)}{1.2}$ équations obtenues par la comparaison des coefficients de l'équation générale et du produit ci-dessus, les m indéterminées K, K', K''...., puis les deux inconnues x' et y', ce qui réduirait à

$$\frac{m(m+3)}{1.2} - m - 2$$

ou

$$\frac{m\,(m+1)}{1\cdot 2} - 2$$

le nombre des conditions.

47. Pour que l'équation générale représentât *m droites parallèles à une direction donnée*, il faudrait qu'on l'identifiât avec le produit

$$\left(y + x\cot\alpha - \frac{p}{\sin\alpha}\right)\left(y + x\cot\alpha - \frac{p'}{\sin\alpha}\right)\ldots = 0.$$

Entre les $\dfrac{m\,(m+3)}{1\cdot 2}$ équations fournies par la comparaison des coefficients, il faudrait éliminer les m indéterminées $p,\ p'\ldots$, ce qui donnerait, comme plus haut, $\dfrac{m\,(m+1)}{1\cdot 2}$ conditions.

Il y aurait une indéterminée de plus à éliminer et par conséquent $\dfrac{m\,(m+1)}{1\cdot 2} - 1$ conditions, entre les coefficients, si la direction commune des m parallèles n'était pas donnée.

S'il s'agit, par exemple, d'une équation du second degré, en la comparant au produit

$$\left(y + x\cot\alpha - \frac{p}{\sin\alpha}\right)\left(y + x\cot\alpha - \frac{p'}{\sin\alpha}\right) = 0,$$

on obtient, l'équation générale étant

$$Ay^2 + Bxy + Cx^2 + Dy + Ex + F = 0,$$

$$2\cot\alpha = \frac{B}{A}, \quad \cot^2\alpha = \frac{C}{A},$$

$$\frac{p+p'}{\sin\alpha} = -\frac{D}{A}, \quad \frac{p+p'}{\sin\alpha}\cot\alpha = -\frac{E}{A},$$

$$\frac{pp'}{\sin^2\alpha} = \frac{F}{A}.$$

De la première et de la seconde on tire

$$B^2 - 4AC = 0.$$

De la troisième et de la quatrième on obtient

$$BD - 2AE = 0$$

en remplaçant $\cot\alpha$ par sa valeur tirée de la première équation.

Telles sont les deux conditions auxquelles doivent satisfaire les coefficients de l'équation générale du second degré pour qu'elle représente deux parallèles.

Coordonnées polaires.

48. Si l'on prend pour axe des coordonnées polaires une perpendiculaire à une droite donnée, cette dernière aura pour équation

$$\rho = \frac{p}{\cos\omega},$$

ρ désignant un rayon vecteur mené à l'un quelconque de ses points, ω l'amplitude correspondant à ce rayon, et p la distance de la droite à l'origine.

Si la perpendiculaire abaissée de l'origine sur la droite fait avec l'axe polaire un angle α, cette équation devient, comme on le voit aisément sur la figure 23,

$$\rho = \frac{p}{\cos(\omega - \alpha)}.$$

En général, l'équation d'une ligne droite en coordonnées rectangulaires étant

$$Ax + By + C = 0,$$

si l'on prend l'axe des x pour axe polaire en conservant la même origine, on obtient pour l'équation polaire de la droite

$$\rho = \frac{-C}{A\cos\omega + B\sin\omega}.$$

En faisant $\operatorname{tg}\alpha = \dfrac{B}{A}$, α est l'angle que fait avec l'axe des x la perpendiculaire abaissée de l'origine sur la droite, et l'équation devient

$$\rho = \frac{-\dfrac{C}{A}\cos\alpha}{\cos(\omega - \alpha)}.$$

D'après la définition de α,

$$\cos \alpha = \frac{A}{\sqrt{A^2 + B^2}} \quad \text{et} \quad \rho = \frac{\dfrac{-C}{\sqrt{A^2 + B^2}}}{\cos(\omega - \alpha)}.$$

Nous savons que $\dfrac{-C}{\sqrt{A^2 + B^2}}$ est l'expression de p.

Si l'axe polaire ne coïncidait pas avec l'axe des x et faisait avec ce dernier un angle θ, l'équation générale de la ligne droite serait

$$\rho = \frac{-C}{A \cos(\omega - \theta) + B \sin(\omega - \theta)}.$$

Réciproquement toute équation de cette forme représentera une ligne droite, puisqu'on pourra toujours la ramener à la première,

$$\rho = \frac{p}{\cos(\omega - \alpha)}.$$

49. *Cherchons, en employant les coordonnées polaires, le lieu des harmoniques conjugués du point* O, *par rapport aux deux droites* AB, AC, *question déjà traitée à l'article* 20 (fig. 24).

Supposons que les droites AB, AC aient pour équations

$$\rho = \frac{p}{\cos(\omega - \alpha)}, \quad \rho = \frac{p'}{\cos(\omega - \alpha')}.$$

Menons une sécante ODE ayant une amplitude ω.

$$OD = \rho' = \frac{p}{\cos(\omega - \alpha)}, \quad OE = \rho'' = \frac{p'}{\cos(\omega - \alpha')};$$

$OM = \rho$ aura pour valeur

$$\frac{2\rho' \rho''}{\rho' + \rho''},$$

ce qu'on obtient de la relation

$$\frac{\rho'}{\rho''} = \frac{\rho - \rho'}{\rho'' - \rho}.$$

Donc

$$\rho = \frac{2pp'}{p \cos(\omega - \alpha') + p' \cos(\omega - \alpha)}.$$

Cette équation appartient à une ligne droite qui passe par le point A, car en ce point

$$\frac{p}{\cos(\omega' - \alpha)} = \frac{p'}{\cos(\omega' - \alpha')},$$

et en faisant cette substitution on trouve aussi

$$\rho = \frac{p}{\cos(\omega' - \alpha)} \quad (\omega' \text{ étant l'amplitude de OA}).$$

50. Nous venons de trouver pour AM l'équation

$$\rho = \frac{2pp'}{p \cos(\omega - \alpha') + p' \cos(\omega - \alpha)}.$$

Prenons pour axe polaire la perpendiculaire menée par le point O sur cette droite; alors en nommant $\mathfrak{G}$ et $\mathfrak{G}'$ les angles que font avec ce nouvel axe les perpendiculaires abaissées de l'origine sur AB et AC, les équations nouvelles de ces deux dernières droites seront (fig. 25)

$$\rho = \frac{p}{\cos(\omega - \mathfrak{G})}, \quad \rho = \frac{p'}{\cos(\omega - \mathfrak{G}')},$$

et comme celle de AM devra se réduire à la forme

$$\rho = \frac{P}{\cos \omega},$$

les angles $\mathfrak{G}$ et $\mathfrak{G}'$ seront liés par les deux relations

$$360° + \mathfrak{G}' - \mathfrak{G} = A, \quad p \sin \mathfrak{G}' + p' \sin \mathfrak{G} = 0.$$

Menons, par le point O, KH parallèle à AM. Les longueurs OH, OK des parties interceptées par AB et AC auront pour valeurs

$$\frac{p}{\sin \mathfrak{G}}, \quad \frac{p'}{\sin \mathfrak{G}'},$$

et s'obtiendront en faisant dans les équations de ces lignes $\omega = 90°$. Mais, d'après les relations ci-dessus, ces longueurs seront égales en valeur absolue. *Donc si par le point O, et, par conséquent, par un point quelconque de* OA *l'on mène une parallèle à* AM, *harmonique conjuguée de* OA, *les parties interceptées par les deux autres lignes du faisceau seront égales.*

51. Cherchons en coordonnées polaires *l'équation de la droite qui passe par deux points donnés* (fig. 26).

Soient A et B, ayant pour coordonnées $\rho'\ \omega'$, $\rho''\ \omega''$, les deux points donnés, et M un point quelconque de AB. Le triangle AOB est la somme des deux triangles AOM et MOB; les expressions des aires de ces triangles donneront donc

$$\rho'\rho'' \sin(\omega' - \omega'') = \rho\rho' \sin(\omega' - \omega) + \rho\rho'' \sin(\omega - \omega''),$$

d'où

$$\rho = \frac{\rho'\,\rho''\,\sin(\omega'-\omega'')}{\rho''\,\sin(\omega-\omega'') - \rho'\,\sin(\omega-\omega')}.$$

Par une discussion qui ne présente aucune difficulté on reconnaîtra la généralité de cette équation d'une ligne droite passant par deux points donnés.

52. Appliquons ce qui précède à la recherche *du lieu des points N qu'on obtient en menant d'un même point O différentes sécantes aux deux droites* AB, AC *et joignant les points d'intersection*, question déjà résolue en coordonnées rectilignes à l'article 21 (fig. 27).

Prenons l'une des sécantes, OC, pour axe polaire et O pour pôle. AB et AC ayant pour équations $\rho = \dfrac{p}{\cos(\omega-\alpha)}$, $\rho = \dfrac{p'}{\cos(\omega-a')}$, et ω' étant l'amplitude variable d'une sécante ODE, les coordonnées du point D seront

$$\omega',\ \frac{p}{\cos(\omega'-\alpha)};$$

celles du point E,

$$\omega',\ \frac{p'}{\cos(\omega'-\alpha')};$$

de plus pour les points B et C les amplitudes seront nulles et les rayons vecteurs seront

$$\frac{p}{\cos\alpha},\ \frac{p'}{\cos\alpha'}.$$

Cela posé, on trouve pour équation de BE

$$\rho = \frac{-pp'\sin\omega'}{p'\cos\alpha\sin(\omega-\omega') - p\cos(\omega'-\alpha')\sin\omega},$$

et pour celle de CD

$$\rho = \frac{-pp'\sin\omega'}{p\cos\alpha'\sin(\omega-\omega') - p'\cos(\omega'-\alpha)\sin\omega}.$$

Les coordonnées du point N satisferont à ces deux équations.

Si donc entre ces dernières on élimine ω', on aura l'équation du lieu des points N.

On peut écrire les équations de BE et CD sous la forme

$$\rho\sin\omega\cos\omega'\,(p'\cos\alpha - p\cos\alpha')$$
$$= \sin\omega'\,[\rho\,(p'\cos\alpha\cos\omega + p\sin\alpha'\sin\omega) - pp'],$$

$$\rho \sin \omega \cos \omega' \, (p \cos \alpha' - p' \cos \alpha)$$
$$= \sin \omega' \, [\rho \, (p \cos \alpha' \cos \omega + p' \sin \alpha \sin \omega) - pp']$$

et l'on en tire, après les avoir divisées membre à membre,

$$\rho \, (p' \cos \alpha \cos \omega + p \sin \alpha' \sin \omega + p \cos \alpha' \cos \omega$$
$$+ p' \sin \alpha \sin \omega) = 2pp',$$

d'où

$$\rho = \frac{2pp'}{p \cos (\omega - \alpha') + p' \cos (\omega - \alpha)}.$$

C'est l'équation trouvée à l'article 49 pour l'harmonique conjuguée de OA.

53. *Il est facile d'obtenir l'aire d'un triangle en fonction des coordonnées polaires de ses sommets* (fig. 28).

Soient, en effet, $\rho' \omega'$, $\rho'' \omega''$, $\rho''' \omega'''$ les coordonnées des points A, B, C. L'aire du triangle ABC s'obtient en retranchant celle du triangle OAC de la somme des aires de AOB et BOC. Le double de AOB est

$$\rho' \rho'' \sin (\omega' - \omega''),$$

le double de BOC est

$$\rho'' \rho''' \sin (\omega'' - \omega''')$$

et enfin le double de AOC est

$$\rho' \rho''' \sin (\omega' - \omega''') \, ;$$

donc le double de l'aire ABC sera

$$2\text{ABC} = \rho' \rho'' \sin (\omega' - \omega'') + \rho'' \rho''' \sin (\omega'' - \omega''')$$
$$+ \rho' \rho''' \sin (\omega''' - \omega').$$

Si les trois points sont en ligne droite, cette aire est nulle, de sorte que la relation qui lie les coordonnées polaires de trois points en ligne droite est

$$\rho' \rho'' \sin (\omega' - \omega'') + \rho'' \rho''' \sin (\omega'' - \omega''') + \rho''' \rho' \sin (\omega''' - \omega') = 0.$$

On retrouve ainsi, en remplaçant ρ''' et ω''' par ρ et ω, l'équation obtenue à l'article 51 pour celle de la droite qui joint deux points $\rho' \omega'$, $\rho'' \omega''$.

En passant des coordonnées polaires aux cordonnées rectangulaires ayant même origine et prenant l'axe polaire pour axe des abscisses, on retrouve pour l'aire 2ABC l'expression de l'article 7

$$2\text{ABC} = (x'y'' - x''y') + (x''y''' - x'''y'') + (x'''y' - x'y''')$$

54. Pour obtenir l'aire d'un polygone en fonction des coordonnées polaires de ses sommets, on prendra un point quelconque dans l'intérieur et on le joindra à tous les sommets. On formera ainsi n triangles si le polygone a n côtés, et la somme de leurs aires donnera celle du polygone.

En nommant T_1, T_2, $T_3,\ldots\ldots T_{n-1}$, T_n ces triangles, on aura (ρ et ω se rapportant au point pris dans l'intérieur de la figure)

$$2T_1 = \rho\rho'\,\sin(\omega - \omega') + \rho'\rho''\,\sin(\omega' - \omega'') + \rho''\rho\,\sin(\omega'' - \omega)$$
$$2T_2 = \rho\rho''\,\sin(\omega - \omega'') + \rho''\rho'''\,\sin(\omega'' - \omega''') + \rho'''\rho\,\sin(\omega''' - \omega)$$
$$2T_3 = \rho\rho'''\,\sin(\omega - \omega''') + \rho'''\rho''''\,\sin(\omega''' - \omega'''') + \rho''''\rho\,\sin(\omega'''' - \omega)$$

$$\cdot\;\cdot\;\cdot\;\cdot\;\cdot\;\cdot\;\cdot\;\cdot\;\cdot\;\cdot\;\cdot\;\cdot\;\cdot\;\cdot\;\cdot\;\cdot\;\cdot$$
$$\cdot\;\cdot\;\cdot\;\cdot\;\cdot\;\cdot\;\cdot\;\cdot\;\cdot\;\cdot\;\cdot\;\cdot\;\cdot\;\cdot\;\cdot\;\cdot\;\cdot$$

$$2T_{n-1} = \rho\rho_{n-1}\,\sin(\omega - \omega_{n-1}) + \rho_{n-1}\rho_n\,\sin(\omega_{n-1} - \omega_n) + \rho_n\rho\,\sin(\omega_n - \omega)$$
$$2T_n = \rho\rho_n\,\sin(\omega - \omega_n) + \rho_n\rho'\,\sin(\omega_n - \omega') + \rho'\rho\,\sin(\omega' - \omega).$$

En ajoutant, ρ et ω disparaissent comme on devait le prévoir, puisque l'aire du polygone doit être indépendante de la position du point choisi, et l'on obtient

$$2S = \rho'\rho''\,\sin(\omega' - \omega'') + \rho''\rho'''\,\sin(\omega'' - \omega''')$$
$$+\,\rho'''\rho''''\,\sin(\omega''' - \omega'''')\ldots + \rho_n\rho'\,\sin(\omega_n - \omega').$$

En transformant en coordonnées rectangulaires, on retrouve l'expression de l'article 8, si l'origine reste la même et si l'axe polaire est pris pour axe des x.

55. *Déterminer les angles d'un triangle dont les sommets sont donnés en coordonnées polaires* (fig. 29).

Soient $\rho'\,\omega'$, $\rho''\,\omega''$, $\rho'''\,\omega'''$ les coordonnées des points A, B, C. L'équation de la ligne AB sera (art. 51)

$$\rho = \frac{\rho'\rho''\,\sin(\omega' - \omega'')}{\rho''\,\sin(\omega - \omega'') - \rho'\,\sin(\omega - \omega')}.$$

En développant le dénominateur, on peut mettre l'équation sous la forme

$$\rho = \frac{\rho'\rho''\,\sin(\omega' - \omega'')}{(\rho'\sin\omega' - \rho''\sin\omega'')\cos\omega + (\rho'\cos\omega' - \rho''\cos\omega'')\sin\omega}$$

et en faisant

$$\frac{\rho'\cos\omega' - \rho''\cos\omega''}{\rho'\sin\omega' - \rho''\sin\omega''} = \mathrm{Tg}\,\alpha',$$

elle devient

$$\rho = \frac{\rho'\rho'' \sin(\omega' - \omega'')}{\sqrt{\rho'^2 + \rho''^2 - 2\rho'\rho'' \cos(\omega' - \omega'')}}{\cos(\omega - \alpha')}.$$

Sous cette forme, on reconnaît que l'angle α' est celui que fait avec l'axe polaire la perpendiculaire OE, menée du pôle sur AB.

En nommant α'' l'angle DOx, on aura semblablement

$$\mathrm{Tg}\, \alpha'' = \frac{\rho'' \cos \omega'' - \rho''' \cos \omega'''}{\rho'' \sin \omega'' - \rho''' \sin \omega'''}.$$

L'angle

$$EOD = \alpha' - \alpha'' = ABD;$$

c'est donc le supplément de l'angle B du triangle, et par conséquent

$$\mathrm{Tg}\,B = -\mathrm{Tg}(\alpha' - \alpha'') = -\frac{\dfrac{\rho' \cos \omega' - \rho'' \cos \omega''}{\rho' \sin \omega' - \rho'' \sin \omega''} - \dfrac{\rho'' \cos \omega'' - \rho''' \cos \omega'''}{\rho'' \sin \omega'' - \rho''' \sin \omega'''}}{1 + \dfrac{(\rho' \cos \omega' - \rho'' \cos \omega'')(\rho'' \cos \omega'' - \rho''' \cos \omega''')}{(\rho' \sin \omega' - \rho'' \sin \omega'')(\rho'' \sin \omega'' - \rho''' \sin \omega''')}}.$$

En développant, on obtient

$$\mathrm{Tg}\,B = -\frac{\rho''\rho' \sin(\omega'' - \omega') + \rho'\rho''' \sin(\omega' - \omega''') + \rho'''\rho'' \sin(\omega''' - \omega'')}{\rho''\rho' \cos(\omega'' - \omega') + \rho''\rho''' \cos(\omega''' - \omega'') - \rho''^2 - \rho'\rho''' \cos(\omega' - \omega''')}.$$

56. Supposons que le quadrilatère ABCD soit inscriptible; l'angle B et l'angle D sont alors supplémentaires, et Tg B $= -$ Tg D (fig. 3o).

En conservant les notations précédentes et nommant $\rho''''\omega''''$ les coordonnées du point D, observant aussi que l'angle GOH, formé par les perpendiculaires OH et OG sur AD et DC, est égal à D, nous obtiendrons Tg D en changeant ρ'' en ρ'''' dans l'expression ci-dessus, ω'' en ω'''', et changeant le signe, d'où

$$\mathrm{Tg}\,D = \frac{\rho''''\rho' \sin(\omega'''' - \omega') + \rho'\rho''' \sin(\omega' - \omega''') + \rho'''\rho'''' \sin(\omega''' - \omega'''')}{\rho''''\rho' \cos(\omega'''' - \omega') + \rho''''\rho''' \cos(\omega''' - \omega'''') - \rho''''^2 - \rho'\rho''' \cos(\omega' - \omega''')}.$$

La relation Tg B $= -$ Tg D donnera

$$\frac{\rho''\rho' \sin(\omega'' - \omega') + \rho'\rho''' \sin(\omega' - \omega''') + \rho'''\rho'' \sin(\omega''' - \omega'')}{\rho''\rho' \cos(\omega'' - \omega') + \rho'\rho''' \cos(\omega''' - \omega'') - \rho''^2 - \rho'\rho''' \cos(\omega' - \omega''')}$$

$$= \frac{\rho''''\rho' \sin(\omega'''' - \omega') + \rho'\rho''' \sin(\omega' - \omega''') + \rho'''\rho'''' \sin(\omega''' - \omega'''')}{\rho''''\rho' \cos(\omega'''' - \omega') + \rho''''\rho''' \cos(\omega''' - \omega'''') - \rho''''^2 - \rho'\rho''' \cos(\omega' - \omega''')}.$$

En chassant les dénominateurs, on obtient, après réduction,

$$\rho'^{2} \; [\rho''''\rho'' \sin(\omega'''' - \omega'') + \rho''\rho''' \sin(\omega'' - \omega''') + \rho'''\rho'''' \sin(\omega''' - \omega'''')]$$
$$+ \; \rho'''^{2} \; [\rho''''\rho' \sin(\omega'''' - \omega') + \rho'\rho'' \sin(\omega' - \omega'') + \rho''\rho'''' \sin(\omega'' - \omega'''')]$$
$$= \; \rho''^{2} \; [\rho''''\rho' \sin(\omega'''' - \omega') + \rho'\rho''' \sin(\omega' - \omega''') + \rho'''\rho'''' \sin(\omega''' - \omega'''')]$$
$$+ \; \rho''''^{2} \; [\rho'\rho'' \sin(\omega' - \omega'') + \rho'''\rho' \sin(\omega''' - \omega') + \rho''\rho''' \sin(\omega'' - \omega'')]$$

ou (art. 53)

$$\rho'^{2} \cdot \mathrm{BCD} + \rho'''^{2} \cdot \mathrm{ABD} = \rho''^{2} \cdot \mathrm{ACD} + \rho''''^{2} \cdot \mathrm{ABC}.$$

Si donc l'on joint à un même point O, *pris sur le plan d'un cercle, quatre points* A, B, C, D *de la circonférence, on a la relation*

$$\overline{\mathrm{OA}}^{2} \cdot \mathrm{BCD} + \overline{\mathrm{OC}}^{2} \cdot \mathrm{ABD} = \overline{\mathrm{OB}}^{2} \cdot \mathrm{ACD} + \overline{\mathrm{OD}}^{2} \cdot \mathrm{ABC}.$$

57. *Si d'un point fixe* O *l'on mène un rayon vecteur qui rencontre* n *lignes droites données en des points* r_1, r_2, r_3,.... r_n, *et qu'on détermine sur ce rayon un point* R, *tel que*

$$\frac{n}{\overrightarrow{\mathrm{OR}}} = \frac{1}{\overrightarrow{Or_1}} + \frac{1}{\overrightarrow{Or_2}} + \frac{1}{\overrightarrow{Or_3}} + \cdots + \frac{1}{\overrightarrow{Or_n}},$$

le lieu du point R *quand le rayon vecteur tourne autour du point* O, *est une ligne droite.*

En effet, si les équations des *n* lignes données sont

$$\rho = \frac{p_1}{\cos(\omega - \alpha_1)}, \quad \rho = \frac{p_2}{\cos(\omega - \alpha_2)},$$

$$\rho = \frac{p_3}{\cos(\omega - \alpha_3)}, \cdots \quad \rho = \frac{p_n}{\cos(\omega - \alpha_n)},$$

en prenant pour pôle le point O, on aura immédiatement

$$\frac{n}{\rho} = \frac{\cos(\omega - \alpha_1)}{p_1} + \frac{\cos(\omega - \alpha_2)}{p_2} + \frac{\cos(\omega - \alpha_3)}{p_3} \cdots$$
$$+ \frac{\cos(\omega - \alpha_n)}{p_n},$$

pour l'équation du lieu cherché, qui sera, comme on le voit, une ligne droite.

58. *On donne les trois angles d'un triangle variable* ABC, *dont un sommet est fixe en* A, *et dont l'autre se meut le long d'une ligne fixe* BP; *trouver le lieu du troisième sommet* C (fig. 31).

Nommons A, B, C les trois angles. En prenant A pour pôle, et pour axe AP perpendiculaire à la ligne donnée BP, nous aurons

$$\mathrm{AP} = a,$$

quantité donnée;

$$AB = \frac{a}{\cos \widehat{BAP}} = \frac{a}{\cos (\omega - A)}; \quad \frac{AC}{AB} = \frac{\sin B}{\sin C},$$

d'où

$$AC = \rho = \frac{a \sin B}{\sin C \cos (\omega - A)}.$$

Cette équation appartient à une ligne droite qui fait avec Ax un angle complément de A et par conséquent avec BP l'angle A ; sa distance à l'origine est $\dfrac{a \sin B}{\sin C}$.

Pour la construire, on fait avec AP le triangle AC'P semblable au triangle variable, et l'on mène C'D perpendiculaire sur AC'.

Le triangle AC'P n'est autre chose que le triangle mobile et variable dans une de ses positions particulières ; alors

$$AC' = AP \frac{\sin B}{\sin C} = a \frac{\sin B}{\sin C},$$

et l'angle C'AP est égal à A. Par suite CD et BP font entre elles ce même angle.

Cercle.

59. L'équation générale d'un cercle rapporté à des coordonnées rectangulaires est

$$x^2 + y^2 + Dx + Ey + F = 0.$$

Si la circonférence doit passer par trois points donnés, $x'y'$, $x''y''$, $x'''y'''$, il faut déterminer D, E, F par les conditions

$$x'^2 + y'^2 + Dx' + Ey' + F = 0,$$
$$x''^2 + y''^2 + Dx'' + Ey'' + F = 0,$$
$$x'''^2 + y'''^2 + Dx''' + Ey''' + F = 0,$$

ce qui revient à éliminer ces trois quantités entre les quatre équations ci-dessus (fig. 32).

Si A, B, C sont les trois points donnés et que M soit un quatrième point quelconque de la circonférence, ayant x et y pour coordonnées, en appliquant au quadrilatère ABCM la relation de l'article 56,

$$\overline{OM}^2 \cdot ABC + \overline{OB}^2 \cdot ACM = \overline{OA}^2 \cdot BCM + \overline{OC}^2 \cdot ABM,$$

l'élimination se fait immédiatement.

Il suffit en effet de multiplier la première équation par

$$x'y'' - x''y' + x''y''' - x'''y'' + x'''y' - x'y''' = 2ABC,$$

la seconde par

$$x''y''' - x'''y'' + x'''y - xy''' + xy'' - x''y = 2BCM,$$

la troisième par

$$x'''y - xy''' + xy' - x'y + x'y''' - x'''y' = 2ACM,$$

la quatrième par

$$xy' - x'y + x'y'' - x''y' + x''y - xy'' = 2ABM$$

(art. 7), puis d'ajouter le premier produit avec le troisième et d'en retrancher la somme des deux autres.

On arrive ainsi à l'équation

$$\left. \begin{array}{l} (x^2 + y^2)(x'y'' - x''y' + x''y''' - x'''y'' + x'''y' - x'y''') \\ -(x'^2 + y'^2)(x''y''' - x'''y'' + x'''y - xy''' + xy'' - x''y) \\ +(x''^2 + y''^2)(x'''y - xy''' + xy' - x'y + x'y''' - x'''y') \\ -(x'''^2 + y'''^2)(xy' - x'y + x'y'' - x''y' + x''y - xy'') \end{array} \right\} = 0$$

60. La relation trouvée à l'article 56 exprime la condition à laquelle doivent satisfaire les coordonnées polaires de quatre points pour que ceux-ci se trouvent sur une même circonférence. En y remplaçant ρ'''' et ω'''' par ρ et ω, ces dernières coordonnées se rapportant à un point quelconque, on obtient l'équation

$$\left. \begin{array}{l} \rho^2 \left[\rho'\rho'' \sin(\omega' - \omega'') + \rho''\rho''' \sin(\omega'' - \omega''') + \rho'''\rho' \sin(\omega''' - \omega')\right] \\ -\rho'^2 \left[\rho''\rho''' \sin(\omega'' - \omega''') + \rho'''\rho \sin(\omega''' - \omega) + \rho\rho'' \sin(\omega - \omega'')\right] \\ +\rho''^2 \left[\rho'''\rho \sin(\omega''' - \omega) + \rho\rho' \sin(\omega - \omega') + \rho'\rho''' \sin(\omega' - \omega''')\right] \\ -\rho'''^2 \left[\rho\rho' \sin(\omega - \omega') + \rho'\rho'' \sin(\omega' - \omega'') + \rho''\rho \sin(\omega'' - \omega)\right] \end{array} \right\} = 0$$

C'est celle d'une circonférence passant par trois points donnés en coordonnées polaires. On peut l'obtenir aussi par une transformation de la précédente.

61. *Trouver l'équation d'une circonférence circonscrite au triangle formé par les trois lignes* $\alpha = 0$, $\beta = 0$, $\gamma = 0$ (fig. 33).

Au point A l'on a en même temps. . $\beta = 0$ et $\gamma = 0$,

Au point B. . . . . $\gamma = 0$ et $\alpha = 0$,

Au point C. . . . . $\alpha = 0$ et $\beta = 0$, l'équation de la circonférence sera donc de la forme

$$l\mathfrak{6}\gamma + m\gamma\alpha + n\alpha\mathfrak{6} = 0 \,;$$

on voit, en effet, qu'elle sera satisfaite par les coordonnées des sommets du triangle, et de plus elle est du second degré.

Pour qu'elle représente un cercle, il faut que les indéterminées l, m et n soient telles que les coefficients de x^2 et de y^2 soient égaux, et que celui de xy soit nul ; ce qui donne en développant α, $\mathfrak{6}$ et γ (art. 24)

$$l \cos (\mathfrak{6} + \gamma) + m \cos (\gamma + \alpha) + n \cos (\alpha + \mathfrak{6}) = 0,$$
$$l \sin (\mathfrak{6} + \gamma) + m \sin (\gamma + \alpha) + n \sin (\alpha + \mathfrak{6}) = 0.$$

On en tire

$$\frac{m}{l} = \frac{\sin (\gamma - \alpha)}{\sin (\mathfrak{6} - \gamma)}, \quad \frac{n}{l} = \frac{\sin (\alpha - \mathfrak{6})}{\sin (\mathfrak{6} - \gamma)}.$$

Mais l'angle $\alpha - \mathfrak{6}$ est celui que font entre elles les perpendiculaires à BC et à AC, par conséquent

$$\sin (\alpha - \mathfrak{6}) = \sin C \,;$$

de même

$$\sin (\gamma - \alpha) = \sin B, \quad \sin (\mathfrak{6} - \gamma) = \sin A \,;$$

on a donc

$$\frac{m}{l} = \frac{\sin B}{\sin A}, \quad \frac{n}{l} = \frac{\sin C}{\sin A},$$

et par suite l'équation de la circonférence est

$$\mathfrak{6}\gamma \sin A + \gamma\alpha \sin B + \alpha\mathfrak{6} \sin C = 0.$$

Elle a une signification géométrique facile à reconnaître en se rappelant que α, $\mathfrak{6}$, γ sont les longueurs des perpendiculaires OP, OQ, OR abaissées d'un point O quelconque sur les côtés BC, AC, AB, alors $\mathfrak{6}\gamma \sin A$ est le double de l'aire OQR, car

$$\sin A = \sin QOR \,;$$

$\gamma\alpha \sin B$ est le double de OPR, et $\alpha\mathfrak{6} \sin C$ est le double de OPQ.

L'équation précédente exprime donc que si le point O est pris sur la circonférence du cercle circonscrit au triangle, l'aire du triangle PQR est nulle et que par conséquent *les pieds P, Q, R des perpendiculaires abaissées de ce point sur les côtés AB, AC, BC sont en ligne droite.*

Il suit de ce qui précède que *le lieu des points tels qu'en abaissant des perpendiculaires de ce point sur les côtés d'un* *triangle ABC et en joignant leurs pieds, l'aire du triangle PQR soit égale à un carré donné K^2, est une circonférence concentrique à celle qui est circonscrite au triangle ABC, et ayant pour équation*

$$\beta\gamma \sin A + \gamma\alpha \sin B + \alpha\beta \sin C = 2 K^2.$$

Nous aurions pu établir directement cette dernière équation et en déduire la première.

62. Nous avons vu (art. 28) que la ligne qui joint le sommet A au centre du cercle circonscrit a pour équation

$$\beta \cos C - \gamma \cos B = 0.$$

La tangente en A (fig. 34) étant perpendiculaire à cette ligne et passant par le point A, son équation sera de la forme

$$m\beta + n\gamma = 0,$$

m et n devant satisfaire à la relation trouvée (art. 35), dans laquelle

$$L = 0, \quad M = \cos C, \quad N = - \cos B, \quad l = 0 \, ;$$

ce qui donne

$$m \cos C - n \cos B - (m \cos B - n \cos C) \cos (\beta - \gamma) = 0.$$

Or $\beta - \gamma$ est le supplément de l'angle A, donc

$$\cos (\beta - \gamma) = - \cos A,$$

et par suite

$$m (\cos C + \cos B \cos A) = n (\cos B + \cos C \cos A),$$

ou

$$\frac{m}{n} = \frac{\sin C}{\sin B}.$$

L'équation de la tangente en A sera donc

$$\beta \sin C + \gamma \sin B = 0.$$

On arrive encore à cette même équation en mettant sous la forme

$$\alpha (\beta \sin C + \gamma \sin B) + \beta\gamma \sin A = 0,$$

celle du cercle circonscrit, et remarquant que si l'on fait

$$\beta \sin C + \gamma \sin B = 0,$$

cette droite rencontre la circonférence au seul point correspondant à $\beta = 0$ et $\gamma = 0$. Les trois tangentes B'C', C'A', A'B' ont donc pour équations

$$\frac{\beta}{\sin B} + \frac{\gamma}{\sin C} = 0, \quad \frac{\gamma}{\sin C} + \frac{\alpha}{\sin A} = 0, \quad \frac{\alpha}{\sin A} + \frac{\beta}{\sin B} = 0.$$

En ajoutant celles-ci, on obtient

$$\frac{\alpha}{\sin A} + \frac{6}{\sin B} + \frac{\gamma}{\sin C} = 0;$$

c'est l'équation d'une ligne droite passant par les points de rencontre de ces tangentes avec les côtés opposés du triangle ABC, car elle est satisfaite quand on y fait

$$\frac{\alpha}{\sin A} + \frac{6}{\sin B} = 0 \ \text{ et } \gamma = 0,$$

$$\frac{\alpha}{\sin A} + \frac{\gamma}{\sin C} = 0 \ \text{ et } 6 = 0,$$

$$\frac{6}{\sin B} + \frac{\gamma}{\sin C} = 0 \ \text{ et } \alpha = 0.$$

On en conclut que *si par les sommets ABC d'un triangle inscrit dans un cercle on mène des tangentes, les points de concours de chacune de ces dernières lignes avec les côtés opposés dans le triangle sont sur une même droite.*

Il en résulte que les droites AA', BB', CC' qui joignent les sommets opposés des deux triangles inscrit et circonscrit, se coupent en un même point (art. 43).

N. B. *Ce point est le pôle de la droite* MN, *comme on le verra plus loin* (art. 69).

63. *Si d'un point pris sur une circonférence on abaisse des perpendiculaires sur deux tangentes et sur la corde qui joint les points de contact, le produit des deux premières perpendiculaires est égal au carré de la troisième.*

Dans la figure précédente, si l'on abaisse d'un point quelconque une perpendiculaire sur B'C' qui a pour équation

$$6 \sin C + \gamma \sin B = 0,$$

sa longueur sera, d'après la définition de 6 et γ (art. 24),

$$\frac{6 \sin C + \gamma \sin B}{\sqrt{(\cos 6 \sin C + \cos \gamma \sin B)^2 + (\sin 6 \sin C + \sin \gamma \sin B)^2}}.$$

La quantité soumise au radical se réduit à

$$\sin^2 C + \sin^2 B + 2 \cos (6 - \gamma) \sin B \sin C;$$

mais
$$6 - \gamma = 180 - A = B + C,$$
donc cette expression développée devient
$$\sin^2 C + \sin^2 B + 2 \cos B \cos C \sin B \sin C - 2 \sin^2 B \sin^2 C$$
ou
$$\sin^2 C(1 - \sin^2 B) + \sin^2 B(1 - \sin^2 C) + 2 \cos B \cos C \sin B \sin C,$$
qui n'est autre chose, quand on y remplace $1 - \sin^2 B$ et $1 - \sin^2 C$ par $\cos^2 B$ et $\cos^2 C$, que le carré de $\sin(B + C)$ ou $\sin^2 A$; donc la longueur de la perpendiculaire, abaissée d'un point quelconque sur la tangente $B'C'$ a pour expression
$$\frac{6 \sin C + \gamma \sin B}{\sin A}.$$

Semblablement la perpendiculaire abaissée sur $A'C'$ a pour valeur
$$\frac{\gamma \sin A + \alpha \sin C}{\sin B}.$$

Si ces deux lignes sont abaissées d'un point de la circonférence, γ a la même valeur dans ces deux expressions, et d'ailleurs α, 6, γ doivent satisfaire à l'équation
$$6\gamma \sin A + \gamma\alpha \sin B + \alpha6 \sin C = 0.$$

Le produit des deux perpendiculaires donne
$$\frac{6\gamma \sin A \sin C + \gamma^2 \sin B \sin A + \gamma\alpha \sin B \sin C + \alpha6 \sin^2 C}{\sin A \sin B},$$
expression qui se réduit à γ^2, carré de la perpendiculaire abaissée sur le côté AB du triangle inscrit qui joint les points de contact des tangentes $B'C'$ et $A'C'$.

64. Ce théorème nous permet de trouver aisément *l'équation de la circonférence inscrite au triangle formé par les trois lignes* $\alpha' = 0$, $6' = 0$, $\gamma' = 0$.

En conservant les notations précédentes et désignant par $\alpha' = 0$, $6' = 0$, $\gamma' = 0$ les équations de $B'C'$, $C'A'$, $A'B'$, nous avons
$$\alpha'6' = \gamma^2, \quad \gamma'\alpha' = 6^2, \quad 6'\gamma' = \alpha^2.$$

D'ailleurs l'angle
$$A = 90° - \tfrac{1}{2} A', \quad B = 90° - \tfrac{1}{2} B', \quad C = 90° - \tfrac{1}{2} C';$$

l'équation de la circonférence

$$6\gamma \sin A + \gamma\alpha \sin B + \alpha 6 \sin C = 0$$

devient donc, après avoir divisé par $\sqrt{\alpha'6'\gamma'}$,

$$\alpha'^{\frac{1}{2}} \cos \frac{1}{2} A' + 6'^{\frac{1}{2}} \cos \frac{1}{2} B' + \gamma'^{\frac{1}{2}} \cos \frac{1}{2} C' = 0.$$

65. L'équation générale d'un cercle en coordonnées polaires est

$$\rho^2 - 2d\rho \cos(\omega - \alpha) + d^2 - r^2 = 0,$$

en désignant par d la distance du pôle au centre, α l'amplitude de cette ligne et r le rayon (fig. 35).

Cette équation exprime en effet que la distance d'un point M quelconque au point C est une quantité constante r.

Supposons qu'on mène par le point O une sécante variable MN, et cherchons *le lieu des harmoniques conjugués du point* O *par rapport aux intersections* M *et* N *avec la circonférence.*

En désignant par ρ et ω les coordonnées du point R, harmonique conjugué de l'origine sur la sécante MN, on trouve

$$\rho = \frac{2\rho'\rho''}{\rho' + \rho''},$$

ρ' et ρ'' étant les racines de l'équation du cercle, correspondant à ω, et dont les valeurs absolues sont OM et ON.

Mais

$$\rho'\rho'' = d^2 - r^2, \quad \rho' + \rho'' = 2 d \cos(\omega - \alpha),$$

d'où

$$\rho = \frac{d^2 - r^2}{d \cos(\omega - \alpha)}.$$

C'est l'équation d'une ligne droite perpendiculaire à OC et dont la distance au point O est

$$p = \frac{d^2 - r^2}{d}.$$

On la nomme la polaire du point O, et réciproquement le point O est le pôle de cette droite.

Quand le point O est extérieur au cercle, $d > r$, $p > 0$, et d'ailleurs on a $p < d$ et $> d - r$; la polaire passe donc dans l'intérieur du cercle de manière que son pied P se trouve entre le point O et le point C. Quand le point O est intérieur, on a

$p < o$, et comme $\dfrac{r^2 - d^2}{d} > r - d$, la polaire coupe OC hors du cercle.

Quant le point O est sur la courbe, $\rho = o$ pour toute valeur de $\omega - \alpha$ différente de $90°$. Pour $\omega - \alpha = 90°$, ρ est indéterminé. La polaire est donc la tangente au point O.

Dans tous les cas

$$PC^j = \frac{r^2}{d}.$$

Si le point O est extérieur, la polaire passe par les points de contact des tangentes OS, OT, ainsi qu'il doit résulter de la définition du lieu que cette ligne représente. On voit en effet que les rayons vecteurs ρ' et ρ'' sont égaux quand $d^2 \cos^2(\omega - \alpha) = d^2 - r^2$, et la valeur correspondant à cette amplitude dans l'équation du cercle et dans celle de la polaire est

$$\rho = \sqrt{d^2 - r^2}.$$

66. *Si par un point* O *l'on mène à un cercle les sécantes* AB, CD *et qu'on joigne* A *et* C, B *et* D, *de même que* A *et* D, B *et* C, *points où elles rencontrent la circonférence, les droites* AC *et* BD, AD *et* BC *se coupent sur la polaire du point* O (fig. 36).

1° Quand le point O est extérieur au cercle, on voit sur la figure que la ligne EF est l'harmonique conjuguée de OE (art. 21); les points G et H sont donc les harmoniques du point O par rapport à A, B, et à C, D, par conséquent la droite EF est la polaire du point O.

Si la sécante OCD restant fixe, la sécante OAB s'en rapproche indéfiniment jusqu'à coïncider avec elle; alors AC devient la tangente CK, BD devient la tangente DK, et, comme dans toutes les positions de AB, les droites CA et BD se coupent sur la polaire, le point K sera donc aussi sur cette ligne.

2° Quand le point O est intérieur (fig 36 bis), on reconnaît que dans le quadrilatère complet ACBD, dont EF est une diagonale, les points G et H sont les harmoniques conjugués du point O, puisque les diagonales d'un quadrilatère complet se divisent harmoniquement; la ligne EF est donc la polaire du point O.

Si la droite CD restant fixe, la sécante AB s'en rapproche indéfiniment en tournant autour du point O, la ligne AC devient la tangente CK, BD devient la tangente BK et le point K, où elles se rencontrent, est sur la polaire.

Il en résulte que, *si par un point O extérieur ou intérieur à un cercle on mène des sécantes, et par les points où elles coupent la circonférence si l'on mène des tangentes à cette courbe, les points de concours de ces couples de tangentes seront sur une même droite, polaire du point O.*

D'après ce qui a été vu plus haut, le point K est le pôle de CD; il en résulte que *si une sécante tourne autour d'un point O, son pôle décrit la polaire de ce point.*

Pour avoir la polaire d'un point, il suffit donc de joindre les pôles de deux sécantes passant par ce point.

67. On peut démontrer analytiquement ces divers théorèmes et même généraliser le dernier.

Déterminons d'abord l'équation en coordonnées rectilignes de la polaire d'un point.

Si ce point est à l'origine, et que l'équation du cercle soit

$$A x^2 + B xy + A y^2 + D x + E y + F = 0,$$

les axes étant quelconques, celle d'une sécante menée par ce point sera $y = mx$, et les abscisses des points d'intersection avec la circonférence seront les racines de

$$(A + Bm + Am^2) x^2 + (D + Em) x + F = 0.$$

Soient x et y les coordonnées de l'harmonique conjugué du point O (fig. 37), comme $\dfrac{OM}{ON} = \dfrac{RM}{RN}$, on a

$$\frac{x'}{x''} = \frac{x' - x}{x - x''},$$

d'où

$$x = \frac{2 x' x''}{x' + x''}.$$

Mais

$$x' x'' = \frac{F}{A + Bm + Am^2}, \quad x' + x'' = -\frac{D + Em}{A + Bm + Am^2};$$

donc

$$x = \frac{-2F}{D + Em};$$

c'est l'abscisse du point R. Son ordonnée s'obtiendra de la relation $y = mx$.

On aura le lieu des points tels que R pour toutes les sécantes menées par l'origine, ou la polaire du point O, en éliminant m entre ces deux équations, ce qui donne

$$\mathrm{D}x + \mathrm{E}y + 2\mathrm{F} = 0.$$

Si le point dont on cherche la polaire a pour coordonnées a et b, on y transporte les axes; l'équation du cercle devient ainsi, par rapport à la nouvelle origine

$$\mathrm{A}x^2 + \mathrm{B}xy + \mathrm{A}y^2 + \mathrm{D}'x + \mathrm{E}'y + \mathrm{F}' = 0,$$

dans laquelle A et B sont les mêmes que dans l'équation donnée par rapport aux anciens axes, et où

$$\mathrm{D}' = 2\mathrm{A}a + \mathrm{B}b + \mathrm{D}, \quad \mathrm{E}' = 2\mathrm{A}b + \mathrm{B}a + \mathrm{E},$$
$$\mathrm{F}' = \mathrm{A}a^2 + \mathrm{B}ab + \mathrm{A}b^2 + \mathrm{D}a + \mathrm{E}b + \mathrm{F}.$$

L'équation de la polaire de la nouvelle origine, rapportée aux nouveaux axes sera

$$\mathrm{D}'x + \mathrm{E}'y + 2\mathrm{F}' = 0\,;$$

en la rapportant aux anciens axes, c'est-à-dire en y remplaçant x par $x - a$, y par $y - b$, elle devient

$$\mathrm{D}'(x - a) + \mathrm{E}'(y - b) + 2\mathrm{F}' = 0\,;$$

et si l'on met pour D′, E′, F′, leurs valeurs on trouve

$$(2\mathrm{A}a + \mathrm{B}b + \mathrm{D})x + (2\mathrm{A}b + \mathrm{B}a + \mathrm{E})y + \mathrm{D}a + \mathrm{E}b + 2\mathrm{F} = 0.$$

68. L'équation de la tangente au cercle

$$\mathrm{A}x^2 + \mathrm{B}xy + \mathrm{A}y^2 + \mathrm{D}x + \mathrm{E}y + \mathrm{F} = 0,$$

en nommant $x'\,y'$ les coordonnées du point de contact

$$(2\mathrm{A}x + \mathrm{B}y + \mathrm{D})x' + (2\mathrm{A}y + \mathrm{B}x + \mathrm{E})y' + \mathrm{D}x + \mathrm{E}y + 2\mathrm{F} = 0.$$

Si la tangente doit passer par le point a, b, on a la relation

$$(2\mathrm{A}a + \mathrm{B}b + \mathrm{D})x' + (2\mathrm{A}b + \mathrm{B}a + \mathrm{E})y' + \mathrm{D}a + \mathrm{E}b + 2\mathrm{F} = 0,$$

qui jointe à celle-ci,

$$\mathrm{A}x'^2 + \mathrm{B}x'y' + \mathrm{A}y'^2 + \mathrm{D}x' + \mathrm{E}y' + \mathrm{F} = 0,$$

sert à déterminer les points de contact. En y remplaçant x' par x et y' par y on aura donc l'équation de la corde qui joint les points où les deux tangentes menées par le point a, b touchent le cercle. On retrouve ainsi

$$(2\mathrm{A}a + \mathrm{B}b + \mathrm{D})x + 2(\mathrm{A}b + \mathrm{B}a + \mathrm{E})y + \mathrm{D}a + \mathrm{E}b + 2\mathrm{F} = 0.$$

La polaire d'un point est donc la corde de contact des tangentes menées par ce point, s'il est extérieur. S'il est intérieur, ces tangentes n'existent pas, les points de contact sont imagi-

*naires, cependant l'équation de la polaire a la même forme ;
mais cette droite ne rencontre pas la circonférence.*

69. L'équation que nous venons de trouver pour la polaire
d'un point a, b, est symétrique par rapport à a et x, b et y,
c'est-à-dire qu'on peut aussi l'écrire

$$(2Ax + By + D)a + (2Ay + Bx + E)b + Dx + Ey + 2F = 0.$$

La polaire d'un second point a', b' aura pour équation

$$(2Aa' + Bb' + D)x + (2Ab' + Ba' + E)y + Da' + Eb' + 2F = 0,$$

et si ce point est situé sur la première polaire on aura identiquement

$$(2Aa' + Bb' + D)a + (2Ab' + Ba' + E)b + Da' + Eb' + 2F = 0,$$

d'où l'on voit que sa polaire passera par le point a, b.

*Si donc un point est situé sur la polaire d'un second point,
ce dernier est lui-même sur la polaire du premier ; ou bien si un
point décrit une ligne droite, sa polaire passe toujours par le
pôle de cette dernière et tourne autour de ce pôle comme pivot.*

Ceci complète et généralise ce qui a été reconnu, par des
considérations purement géométriques, à l'article 66.

Dans la figure de l'article 62, AC est la polaire de B', A'C' est
celle de B, donc leur point de rencontre M est le pôle de BB'.
Semblablement L est le pôle de CC' et N celui de AA'. Puisqu'on a reconnu que les trois points L, M, N sont en ligne
droite, leurs polaires doivent se couper au pôle de cette ligne.

70. *Si par un point O l'on mène deux sécantes quelconques
OAB, OCD, et qu'on joigne les points A et D, B et C, de même
que A et C, B et D où elles rencontrent la courbe, ces dernières droites se couperont sur la polaire du point O* (fig. 38).

En effet, si l'on prend ces deux sécantes pour axes des coordonnées, en désignant par a et a' les abscisses des points A et
B, par b et b' les ordonnées de C et D,

La droite BC aura pour équation $\dfrac{x}{a'} + \dfrac{y}{b} - 1 = 0,$

La droite AD aura pour équation $\dfrac{x}{a} + \dfrac{y}{b'} - 1 = 0,$

La droite AC aura pour équation $\dfrac{x}{a} + \dfrac{y}{b} - 1 = 0,$

La droite BD aura pour équation $\dfrac{x}{a'} + \dfrac{y}{b'} - 1 = 0.$

En ajoutant les deux premières de ces équations, on aura celle d'une droite passant par le point F où BC et AD se rencontrent. Semblablement en ajoutant la troisième avec la quatrième on aura l'équation d'une droite passant par le point E, intersection de AC avec BD. Comme ces deux opérations donnent le même résultat

$$x\left(\frac{1}{a}+\frac{1}{a'}\right)+y\left(\frac{1}{b}+\frac{1}{b'}\right)-2=0,$$

on en conclut que cette équation est celle de la droite EF.

L'équation du cercle rapportée aux deux sécantes comme axes est

$$Ax^2+Bxy+Ay^2+Dx+Ey+F=0;$$

alors a et a' sont les racines de

$$Ax^2+Dx+F=0,$$

b et b' sont celles de

$$Ay^2+Ey+F=0.$$

On a donc

$$\frac{1}{a}+\frac{1}{a'}=-\frac{D}{F}, \quad \frac{1}{b}+\frac{1}{b'}=-\frac{E}{F}.$$

Par suite l'équation de EF est

$$Dx+Ey+2F=0.$$

C'est donc la polaire du point O (art. 67).

71. *Les tangentes menées par les points* A *et* B, *où une sécante quelconque passant par le point* O *rencontre la courbe, se coupent sur la polaire du point* O.

Ce théorème est une conséquence de ce qu'on a vu à l'article 69, puisque le point de concours des deux tangentes est le pôle de la corde qui joint les points de contact; si cette corde tourne autour d'un de ses points, son pôle décrit la polaire de ce point.

On peut le démontrer directement. L'équation générale de la tangente au cercle est

$$(2Ax'+By'+D)x+(2Ay'+Bx'+E)y+Dx'+Ey'+2F=0.$$

Celle de la tangente en A sera

$$(2Aa+D)x+(Ba+E)y+Da+2F=0,$$

qu'on peut écrire

$$(2Ax+By+D)a+Dx+Ey+2F=0.$$

La tangente en B aura une équation semblable dans laquelle a sera remplacé par a'.

On reconnaît donc aisément que ces deux lignes passent par le point de concours des deux droites

$$2Ax + By + D = 0, \quad Dx + Ey + 2F = 0.$$

Cette dernière est la polaire du point O (art. 67), ce qui démontre le théorème énoncé.

L'autre droite

$$2Ax + By + D = 0$$

est le diamètre perpendiculaire à AB.

Les deux tangentes, le diamètre et la polaire concourent donc toutes les quatre au même point.

72. Il est quelquefois commode, quand l'origine est au centre du cercle, de déterminer la position d'un point de la circonférence par la grandeur de l'angle que fait avec l'axe des x le rayon mené par ce point. En désignant par α cet angle, il suffit de remplacer l'abscisse du point par $r \cos \alpha$ et son ordonnée par $r \sin \alpha$.

L'équation de la tangente, qui est $xx' + yy' = r^2$, en désignant par x' et y' les coordonnées de point de contact, devient ainsi $x \cos \alpha + y \sin \alpha = r$, qu'on peut poser immédiatement sans transformation, comme nous l'avons fait (art. 16), car sous cette forme elle représente une droite dont la distance à l'origine est égale au rayon.

On peut écrire aussi directement l'équation d'une corde qui passe par deux points de la circonférence où les rayons font avec l'axe des x des angles α et θ (fig. 39).

Soient A et B ces deux points, et D le milieu de la corde. Si l'angle $AOx = \alpha$ et $BOx = \theta$,

$$DOx = \frac{1}{2}(\alpha + \theta), \quad DO = OB \cos \frac{\alpha - \theta}{2},$$

donc l'équation de la ligne AB doit être (art. 12) :

$$x \cos \frac{\alpha + \theta}{2} + y \sin \frac{\alpha + \theta}{2} = r \cos \frac{\alpha - \theta}{2}.$$

Quand le point B se rapproche indéfiniment de A, la corde AB devient la tangente AC, θ est égal à α, et l'équation devient

$$x \cos \alpha + y \sin \alpha = r.$$

C'est celle qui vient d'être trouvée pour la tangente.

73. *Cherchons le lieu des points qui divisent dans un rapport donné les cordes de longueur constante.*

En nommant x et y les coordonnées d'un de ces points par rapport à une corde dont les extrémités correspondent aux angles α et β, on aura (art. 1) :

$$x = r \frac{m \cos \beta + n \cos \alpha}{m + n}, \quad y = r \frac{m \sin \beta + n \sin \alpha}{m + n}.$$

En élevant au carré et ajoutant, on obtient

$$x^2 + y^2 = r^2 \frac{m^2 + n^2 + 2mn \cos (\alpha - \beta)}{(m + n)^2}.$$

Si la corde a une valeur constante, $\alpha - \beta$ est aussi constant et le lieu est un cercle qui a même centre que le cercle donné.

74. Les équations des tangentes en A et en B sont

$$x \cos \alpha + y \sin \alpha = r, \quad x \cos \beta + y \sin \beta = r.$$

Les coordonnées du point C, où elles se coupent, sont

$$x = r \frac{\cos \dfrac{\alpha + \beta}{2}}{\cos \dfrac{\alpha - \beta}{2}}, \quad y = r \frac{\sin \dfrac{\alpha + \beta}{2}}{\cos \dfrac{\alpha - \beta}{2}}.$$

La somme de leurs carrés est

$$x^2 + y^2 = \frac{r^2}{\cos^2 \dfrac{\alpha - \beta}{2}}.$$

Elle sera constante si $\alpha - \beta$ a toujours la même valeur, c'est-à-dire si la corde AB, en changeant de position, conserve la même longueur.

Le lieu des intersections des tangentes menées aux extrémités des cordes de même longueur, est donc un cercle qui a le même centre que le cercle donné.

75. *Si, par les sommets d'un quadrilatère inscrit ABCD (fig. 40), l'on mène des tangentes EF, FG, GH, HE;*

1° Les quatre diagonales des deux quadrilatères se coupent au même point;

2° Les points de concours L, M, N, P des côtés opposés dans chaque quadrilatère, sont en ligne droite;

3° Les diagonales FH, EG du quadrilatère circonscrit pas-

sent par les points L *et* N *où se coupent les côtés opposés du quadrilatère inscrit.*

1° Les rayons OA, OB, OC, OD faisant avec l'axe des x des angles α, β, γ, δ, les coordonnées du point F sont

$$x = r\,\frac{\cos\dfrac{\beta+\gamma}{2}}{\cos\dfrac{\beta-\gamma}{2}}, \quad y = r\,\frac{\sin\dfrac{\beta+\gamma}{2}}{\cos\dfrac{\beta-\gamma}{2}};$$

celles du point H sont

$$x = r\,\frac{\cos\dfrac{\alpha+\delta}{2}}{\cos\dfrac{\alpha-\delta}{2}}, \quad y = r\,\frac{\sin\dfrac{\alpha+\delta}{2}}{\cos\dfrac{\alpha-\delta}{2}}.$$

L'équation de FH sera donc

$$y - r\,\frac{\sin\dfrac{\beta+\gamma}{2}}{\cos\dfrac{\beta-\gamma}{2}} = \frac{\dfrac{\sin\dfrac{\beta+\gamma}{2}}{\cos\dfrac{\beta-\gamma}{2}} - \dfrac{\sin\dfrac{\alpha+\delta}{2}}{\cos\dfrac{\alpha-\delta}{2}}}{\dfrac{\cos\dfrac{\beta+\gamma}{2}}{\cos\dfrac{\beta-\gamma}{2}} - \dfrac{\cos\dfrac{\alpha+\delta}{2}}{\cos\dfrac{\alpha-\delta}{2}}}\left(x - r\,\frac{\cos\dfrac{\beta+\gamma}{2}}{\cos\dfrac{\beta-\gamma}{2}}\right).$$

Si l'on chasse les dénominateurs, elle devient

$$y\left(\cos\frac{\beta+\gamma}{2}\cos\frac{\alpha-\delta}{2} - \cos\frac{\beta-\gamma}{2}\cos\frac{\alpha+\delta}{2}\right)$$
$$- x\left(\sin\frac{\beta+\gamma}{2}\cos\frac{\alpha-\delta}{2} - \cos\frac{\beta-\gamma}{2}\sin\frac{\alpha+\delta}{2}\right)$$
$$= r\sin\frac{\alpha+\delta-\beta-\gamma}{2}.$$

Le coefficient d'y devient successivement, par des transformations connues,

$$\frac{1}{2}\left(\cos\frac{\alpha+\beta+\gamma-\delta}{2} + \cos\frac{\beta+\gamma+\delta-\alpha}{2}\right.$$
$$\left. - \cos\frac{\alpha+\beta+\delta-\gamma}{2} - \cos\frac{\alpha+\gamma+\delta-\beta}{2}\right),$$

et
$$\sin \frac{\alpha + \gamma}{2} \sin \frac{\delta - 6}{2} + \sin \frac{6 + \delta}{2} \sin \frac{\alpha - \gamma}{2}.$$

Celui d'x devient semblablement
$$\frac{1}{2} \left(\sin \frac{\alpha + 6 + \gamma - \delta}{2} + \sin \frac{6 + \gamma + \delta - \alpha}{2} \right.$$
$$\left. - \sin \frac{\alpha + 6 + \delta - \gamma}{2} - \sin \frac{\alpha + \gamma + \delta - 6}{2} \right),$$

puis
$$- \cos \frac{\alpha + \gamma}{2} \sin \frac{\delta - 6}{2} - \cos \frac{6 + \delta}{2} \sin \frac{\alpha - \gamma}{2}.$$

Enfin le coefficient d'r peut s'écrire
$$\sin \frac{\delta - 6}{2} \cos \frac{\alpha - \gamma}{2} + \sin \frac{\alpha - \gamma}{2} \cos \frac{\delta - 6}{2}.$$

L'équation de FH, après toutes ces transformations, devient donc
$$\frac{x \cos \frac{\alpha + \gamma}{2} + y \sin \frac{\alpha + \gamma}{2} - r \cos \frac{\alpha - \gamma}{2}}{\sin \frac{\alpha - \gamma}{2}} +$$
$$\frac{x \cos \frac{6 + \delta}{2} + y \sin \frac{6 + \delta}{2} - r \cos \frac{\delta - 6}{2}}{\sin \frac{\delta - 6}{2}} = 0.$$

On obtiendra celle de EG en changeant dans cette dernière 6 en α, γ en 6, δ en γ et α en δ, ce qui donnera
$$\frac{x \cos \frac{6 + \delta}{2} + y \sin \frac{6 + \delta}{2} - r \cos \frac{\delta - 6}{2}}{\sin \frac{\delta - 6}{2}}$$
$$+ \frac{x \cos \frac{\alpha + \gamma}{2} + y \sin \frac{\alpha + \gamma}{2} - r \cos \frac{\gamma - \alpha}{2}}{\sin \frac{\gamma - \alpha}{2}} = 0$$

En ajoutant cette dernière équation avec la précédente et divisant par un facteur constant, on obtient
$$x \cos \frac{6 + \delta}{2} + y \sin \frac{6 + \delta}{2} - r \cos \frac{\delta - 6}{2} = 0,$$

équation de la diagonale BD du quadrilatère inscrit (art. 72).
Cette dernière ligne passe donc (art. 18) par le point de
concours des deux premières.

Semblablement, en retranchant l'une de l'autre ces mêmes
équations, et divisant par un facteur constant, on trouve

$$x \cos \frac{\alpha + \gamma}{2} + y \sin \frac{\alpha + \gamma}{2} - r \cos \frac{\alpha - \gamma}{2} = 0,$$

équation de AC.

Les quatre diagonales des deux quadrilatères se coupent donc
au même point.

2° Les coordonnées du point M sont

$$x = r \frac{\cos \frac{\delta + \delta}{2}}{\cos \frac{\delta - \delta}{2}}, \quad y = r \frac{\sin \frac{\delta + \delta}{2}}{\cos \frac{\delta - \delta}{2}};$$

celles du point P sont

$$x = r \frac{\cos \frac{\alpha + \gamma}{2}}{\cos \frac{\alpha - \gamma}{2}}, \quad y = r \frac{\sin \frac{\alpha + \gamma}{2}}{\cos \frac{\alpha - \gamma}{2}};$$

par conséquent la ligne MP a pour équation

$$\frac{x \cos \frac{\alpha + \delta}{2} + y \sin \frac{\alpha + \delta}{2} - r \cos \frac{\alpha - \delta}{2}}{\sin \frac{\alpha - \delta}{2}} + \frac{x \cos \frac{\delta + \gamma}{2} + y \sin \frac{\delta + \gamma}{2} - r \cos \frac{\gamma - \delta}{2}}{\sin \frac{\gamma - \delta}{2}} = 0,$$

qu'on obtient de celle de FH en changeant δ en γ et γ en δ.

Sous cette forme, on voit que la ligne MP passe par le
point N où se coupent les deux lignes AD, BC qui ont pour
équations

$$x \cos \frac{\alpha + \delta}{2} + y \sin \frac{\alpha + \delta}{2} - r \cos \frac{\alpha - \delta}{2} = 0,$$

$$x \cos \frac{\delta + \gamma}{2} + y \sin \frac{\delta + \gamma}{2} - r \cos \frac{\gamma - \delta}{2} = 0.$$

L'équation de MP peut aussi s'écrire sous la forme

$$\frac{x\cos\dfrac{\gamma+\delta}{2}+y\sin\dfrac{\gamma+\delta}{2}-r\cos\dfrac{\gamma-\delta}{2}}{\sin\dfrac{\gamma-\delta}{2}}+$$

$$\frac{x\cos\dfrac{\alpha+\varepsilon}{2}+y\sin\dfrac{\alpha+\varepsilon}{2}-r\cos\dfrac{\alpha-\varepsilon}{2}}{\sin\dfrac{\alpha-\varepsilon}{2}}=0;$$

ce qui montre que cette ligne passe par le point L où se coupent AB et CD.

Les quatre points de concours des côtés opposés des deux quadrilatères, sont donc en ligne droite; autrement dit, leurs troisièmes diagonales se trouvent sur la même droite.

3° L'équation de FH,

$$\frac{x\cos\dfrac{\alpha+\gamma}{2}+y\sin\dfrac{\alpha+\gamma}{2}-r\cos\dfrac{\alpha-\gamma}{2}}{\sin\dfrac{\alpha-\gamma}{2}}+$$

$$\frac{x\cos\dfrac{\varepsilon+\delta}{2}+y\sin\dfrac{\varepsilon+\delta}{2}-r\cos\dfrac{\delta-\varepsilon}{2}}{\sin\dfrac{\delta-\varepsilon}{2}}=0,$$

peut aussi s'écrire

$$\frac{x\cos\dfrac{\gamma+\delta}{2}+y\sin\dfrac{\gamma+\delta}{2}-r\cos\dfrac{\delta-\gamma}{2}}{\sin\dfrac{\delta-\gamma}{2}}+$$

$$\frac{x\cos\dfrac{\alpha+\varepsilon}{2}+y\sin\dfrac{\alpha+\varepsilon}{2}-r\cos\dfrac{\alpha-\varepsilon}{2}}{\sin\dfrac{\alpha-\varepsilon}{2}}=0.$$

Sous cette forme, on reconnaît que cette ligne passe par le point L, intersection de AB et de CD.

On voit semblablement que la diagonale EG passe par le point N.

Remarque. En ajoutant les équations de FH et de EG, et en les retranchant l'une de l'autre, on obtient, après avoir divisé par un facteur constant, les équations de BD et de AC. Ces quatre droites forment donc (art. 32) un faisceau harmonique.

On reconnaît semblablement que FH et MP sont deux harmoniques conjuguées par rapport à AB et à CD, ainsi que EG et MP par rapport à AD et à BC.

D'ailleurs tous les théorèmes précédents résultent de la théorie des polaires.

En effet, le point E est le pôle de AB, G est celui de CD, donc EG (art. 69) est la polaire de L; elle doit donc passer par les points N et K où se croisent les lignes AD et BC, AC et BD (art. 70) qui joignent les intersections de la circonférence et des sécantes menées par le point L.

Pareillement, FH est la polaire du point N et doit passer par les points K et L.

Les quatre diagonales passant par le même point K, leurs pôles L, M, N, P doivent se trouver sur la polaire de ce point (art. 69).

Puisque FH est la polaire du point N, les quatre points N, D, I, A forment un système harmonique; donc les quatre diagonales forment un faisceau harmonique.

76. Le quadrilatère circonscrit EFGH (fig. 41) sera lui-même *inscriptible* si la somme des angles E et G vaut deux droits, et comme leurs suppléments sont $\alpha - \varepsilon$ et $\gamma - \delta$, il faudra que

$$\alpha - \varepsilon = 180° - (\gamma - \delta).$$

On en tire

$$\frac{\alpha + \gamma}{2} = 90° + \frac{\varepsilon + \delta}{2};$$

or ce sont les angles que font avec l'axe des x les perpendiculaires abaissées du centre sur les cordes AC et BD; ces deux cordes, qui joignent les points de contact, seront donc perpendiculaires entre elles.

Cette condition est nécessaire pour que le quadrilatère EFGH soit inscriptible; on voit aisément qu'elle est suffisante.

Puisque les quatre lignes AC, EG, BD, FH passent par le même point K et forment un faisceau harmonique (art. 75), si AC et BD sont perpendiculaires entre elles, elles doivent diviser en parties égales les angles formés par les deux autres (art. 23).

Ainsi quand un quadrilatère circonscrit à un cercle est en même temps inscriptible, les cordes qui joignent les points de contact des côtés opposés sont les bissectrices des angles formés par les diagonales.

On en conclut que dans le triangle EKH l'on a

$$\frac{EK}{KH} = \frac{AE}{AH}.$$

L'on a de même

$$\frac{KG}{KH} = \frac{GD}{DH}, \quad \frac{EK}{KF} = \frac{EB}{BF}, \quad \frac{KG}{KF} = \frac{GC}{CF},$$

et enfin

$$\frac{EG}{FH} = \frac{AE + GD}{AH + BF}.$$

Les distances des sommets au point de concours des diagonales sont donc proportionnelles aux tangentes menées de ces sommets au cercle inscrit, et les diagonales sont entre elles comme les sommes des tangentes menées par leurs extrémités.

Comme

$$AE = r \, \mathrm{Tg} \, \frac{\alpha - 6}{2} \quad \text{et} \quad GC = r \, \mathrm{Tg} \, \frac{\gamma - \delta}{2},$$

que de plus

$$\frac{\alpha - 6}{2} = 90° - \frac{\gamma - \delta}{2},$$

on en tire

$$AE \times GC = r^2.$$

Le produit de deux tangentes menées par les extrémités d'une même diagonale est donc égal au carré du rayon du cercle inscrit.

Soit V le milieu de EH. On a

$$EV = \frac{r}{2} \left(\mathrm{Tg} \, \frac{\alpha - 6}{2} + \mathrm{Tg} \, \frac{\delta - \alpha}{2} \right)$$

et

$$AV = \frac{r}{2} \left(\mathrm{Tg} \, \frac{\alpha - 6}{2} - \mathrm{Tg} \, \frac{\delta - \alpha}{2} \right).$$

En développant et observant que

$$2\alpha - 6 - \delta = 180° - (\gamma - \alpha),$$

on obtient

$$AV = \frac{r}{2} \cdot \frac{\cos \dfrac{\gamma - \alpha}{2}}{\cos \dfrac{\alpha - \beta}{2} \cos \dfrac{\alpha - \delta}{2}}.$$

Si par ce point V l'on mène une perpendiculaire à EH, elle passera par le centre du cercle circonscrit au quadrilatère EFGH; de plus, étant parallèle à OA, sa distance à l'origine O sera égale à AV. Son équation sera donc

$$x \sin \alpha - y \cos \alpha = \frac{r}{2} \cdot \frac{\cos \dfrac{\gamma - \alpha}{2}}{\cos \dfrac{\alpha - \beta}{2} \cos \dfrac{\alpha - \delta}{2}}.$$

En y changeant α en γ, β en δ, et réciproquement, on obtiendra

$$x \sin \gamma - y \cos \gamma = \frac{r}{2} \cdot \frac{\cos \dfrac{\alpha - \gamma}{2}}{\cos \dfrac{\gamma - \delta}{2} \cos \dfrac{\gamma - \beta}{2}}$$

pour l'équation de la perpendiculaire élevée sur le milieu de GF.

Ces deux lignes se couperont au centre du cercle circonscrit. En nommant X et Y les coordonnées de ce dernier point, on trouve

$$X \sin (\alpha - \gamma) = \frac{r}{2} \cos \frac{\alpha - \gamma}{2} \left[\frac{\cos \gamma}{\cos \dfrac{\alpha - \beta}{2} \cos \dfrac{\alpha - \delta}{2}} - \frac{\cos \alpha}{\cos \dfrac{\gamma - \delta}{2} \cos \dfrac{\gamma - \beta}{2}} \right],$$

$$Y \sin (\alpha - \gamma) = \frac{r}{2} \cos \frac{\alpha - \gamma}{2} \left[\frac{\sin \gamma}{\cos \dfrac{\alpha - \beta}{2} \cos \dfrac{\alpha - \delta}{2}} - \frac{\sin \alpha}{\cos \dfrac{\gamma - \delta}{2} \cos \dfrac{\gamma - \beta}{2}} \right].$$

En réduisant et observant que

$$\cos \frac{\alpha - \beta}{2} \cos \frac{\alpha - \delta}{2} = \frac{1}{2} \left(\cos \frac{2\alpha - \beta - \delta}{2} + \cos \frac{\beta - \delta}{2} \right)$$

$$= \frac{1}{2} \left(\sin \frac{\gamma - \alpha}{2} + \cos \frac{\beta - \delta}{2} \right),$$

et

$$\cos\frac{\gamma-\delta}{2}\cos\frac{\gamma-\epsilon}{2}=\frac{1}{2}\left(\sin\frac{\alpha-\gamma}{2}+\cos\frac{\epsilon-\delta}{2}\right),$$

on obtient

$$X=\frac{r}{4}\,\frac{\cos\dfrac{\alpha+\gamma}{2}\cos\dfrac{\alpha-\gamma}{2}+\sin\dfrac{\alpha+\gamma}{2}\cos\dfrac{\epsilon-\delta}{2}}{\cos\dfrac{\alpha-\epsilon}{2}\cos\dfrac{\alpha-\delta}{2}\cos\dfrac{\gamma-\delta}{2}\cos\dfrac{\gamma-\epsilon}{2}},$$

$$Y=\frac{r}{4}\,\frac{\sin\dfrac{\alpha+\gamma}{2}\cos\dfrac{\alpha-\gamma}{2}-\cos\dfrac{\alpha+\gamma}{2}\cos\dfrac{\epsilon-\delta}{2}}{\cos\dfrac{\alpha-\epsilon}{2}\cos\dfrac{\alpha-\delta}{2}\cos\dfrac{\gamma-\delta}{2}\cos\dfrac{\gamma-\epsilon}{2}};$$

et comme

$$\cos\frac{\gamma-\delta}{2}=\sin\frac{\alpha-\epsilon}{2},\quad\cos\frac{\gamma-\epsilon}{2}=\sin\frac{\alpha-\delta}{2},$$

le produit des quatre cosinus devient

$$-\frac{1}{4}\sin(\alpha-\epsilon)\sin(\delta-\alpha)$$

ou

$$-\frac{1}{4}\sin E\sin H;$$

d'où

$$X=-r\,\frac{\cos\dfrac{\alpha+\gamma}{2}\cos\dfrac{\alpha-\gamma}{2}+\sin\dfrac{\alpha+\gamma}{2}\cos\dfrac{\epsilon-\delta}{2}}{\sin E\sin H}$$

$$Y=-r\,\frac{\sin\dfrac{\alpha+\gamma}{2}\cos\dfrac{\alpha-\gamma}{2}-\cos\dfrac{\alpha+\gamma}{2}\cos\dfrac{\epsilon-\delta}{2}}{\sin E\sin H}.$$

A cause de la relation

$$\frac{\alpha+\gamma}{2}=90°+\frac{\epsilon+\delta}{2},$$

les équations de AC et BD deviennent

$$x\cos\frac{\alpha+\gamma}{2}+y\sin\frac{\alpha+\gamma}{2}=r\cos\frac{\alpha-\gamma}{2},$$

$$x\sin\frac{\alpha+\gamma}{2}-y\cos\frac{\alpha+\gamma}{2}=r\cos\frac{\epsilon-\delta}{2}.$$

En désignant par x_i et y_i les coordonnées du point K, on trouve

$$x_i = r\left(\cos\frac{\alpha+\gamma}{2}\cos\frac{\alpha-\gamma}{2} + \sin\frac{\alpha+\gamma}{2}\cos\frac{\varepsilon-\delta}{2}\right),$$

$$y_i = r\left(\sin\frac{\alpha+\gamma}{2}\cos\frac{\alpha-\gamma}{2} - \cos\frac{\alpha+\gamma}{2}\cos\frac{\varepsilon-\delta}{2}\right).$$

Ces valeurs sont proportionnelles à celles de X et Y, d'où l'on conclut que *le centre du cercle circonscrit, celui du cercle inscrit et le point de concours des diagonales sont en ligne droite.*

La différence des signes de x_i et X, de y_i et de Y montre que le centre du cercle inscrit est situé entre les deux autres points.

Ces résultats étaient faciles à prévoir. En effet, la ligne PL est la polaire du point K par rapport au cercle inscrit, puisque les points L et N sont les intersections des droites AB, CD et AD, BC qui joignent les points où les sécantes AC et BD, passant par le point K, coupent la circonférence (art. 66). La droite OK doit donc être perpendiculaire à PL, ce qu'on vérifie aisément par les équations de ces deux lignes.

De plus, cette même droite PL doit être aussi la polaire du même point K par rapport au cercle circonscrit, car elle contient les points P et M, où se coupent les lignes EH, FG et GH, EF qui joignent les intersections de la circonférence circonscrite avec les sécantes FH, EG menées par le point K. La ligne qui joint le point K au centre de la circonférence circonscrite doit donc être aussi perpendiculaire sur PL et, par conséquent, passer par le point O, centre de la circonférence inscrite.

Le produit sin E sin H ou sin $(\alpha - \varepsilon)$. sin $(\delta - \alpha)$ a une valeur constante quelles que soient les cordes de contact AC, BD, pourvu qu'elles passent par le même point K et qu'elles soient perpendiculaires entre elles.

En effet, dans le triangle AKB, l'on a

$$AK = AB\cos CAB = 2r\sin\frac{\alpha-\varepsilon}{2}\cos\frac{\varepsilon-\gamma}{2};$$

de même dans le triangle CKB l'on a

$$KC = CB\cos ACB = 2r\sin\frac{\varepsilon-\gamma}{2}\cos\frac{\alpha-\varepsilon}{2},$$

d'où

$$\text{AK} \times \text{KC} = r^2 \sin(\alpha - \beta)\sin(\delta - \alpha)$$

puisque $\alpha - \delta$ et $\gamma - \beta$ sont supplémentaires; mais $\text{AK} \times \text{KC}$ a pour valeur constante $r^2 - \overline{\text{OK}}^2$; donc le produit

$$\sin(\alpha - \beta)\sin(\delta - \alpha) \quad \text{ou} \quad \sin \text{E} \sin \text{H}$$

a aussi pour valeur constante

$$\frac{r^2 - \overline{\text{OK}}^2}{r^2}.$$

De ce que

$$\frac{x_1}{\text{X}} = \frac{y_1}{\text{Y}} = -\frac{r^2 - \overline{\text{OK}}^2}{r},$$

on en déduit que le rapport absolu de OK à OO', O' étant le centre du cercle circonscrit, est aussi égal à $\dfrac{r^2 - \overline{\text{OK}}^2}{r^2}$. La distance des centres OO' est donc égale à $\text{OK} \times \dfrac{r^2}{r^2 - \overline{\text{OK}}^2}$.

Soit T le pied de la perpendiculaire abaissée du point K sur la polaire PL. On a (art. 65)

$$\text{OT} = \frac{r^2}{\text{OK}}$$

et par suite

$$\text{KT} = \frac{r^2 - \overline{\text{OK}}^2}{\text{OK}}.$$

On en conclut

$$\text{OO}' \times \text{KT} = r^2.$$

Enfin, en désignant par R le rayon du cercle circonscrit,

$$\text{R}^2 = \text{O}'\text{K} \times \text{O}'\text{T}.$$

Or

$$\text{O}'\text{K} = \text{OO}' + \text{OK} = \text{OK} \times \frac{2r^2 - \overline{\text{OK}}^2}{r^2 - \overline{\text{OK}}^2};$$

$$\text{O}'\text{T} = \text{OO}' + \text{OT} = r^2\left(\frac{\text{OK}}{r^2 - \overline{\text{OK}}^2} + \frac{1}{\text{OK}}\right)$$

$$= \frac{r^4}{\text{OK}\,(r^2 - \overline{\text{OK}}^2)}.$$

Donc

$$\mathrm{R}^2 = \frac{r^4\left(2r^2 - \overline{\mathrm{OK}^2}\right)}{\left(r^2 - \mathrm{OK}^2\right)^2},$$

valeur qui ne dépend que de la position du point K.

Nous en conclurons que *si, dans un cercle l'on mène deux cordes rectangulaires passant par un point fixe, les tangentes aux extrémités de ces cordes forment un quadrilatère inscrit dans un cercle dont le centre et le rayon sont toujours les mêmes, quelles que soient les deux cordes rectangulaires, pourvu qu'elles passent toujours par le même point fixe.*

Dans le quadrilatère EFGH, le produit des diagonales est constant, car

$$\mathrm{FH} = 2\mathrm{R}\sin \mathrm{E}, \quad \mathrm{EG} = 2\mathrm{R}\sin \mathrm{H},$$

d'où

$$\mathrm{FH} \times \mathrm{EG} = 4\mathrm{R}^2 \sin \mathrm{E} \sin \mathrm{H},$$

quantité constante.

Comme

$$\overline{\mathrm{OK}}^2 = r^2\left(\cos^2\frac{\alpha-\gamma}{2} + \cos^2\frac{\varepsilon-\delta}{2}\right)$$

$$= r^2\left(1 + \frac{\cos(\alpha-\gamma) + \cos(\varepsilon-\delta)}{2}\right) = r^2\left(1 - \sin \mathrm{E}\sin \mathrm{H}\right),$$

on peut écrire

$$\mathrm{R}^2 = r^2\,\frac{1 + \sin \mathrm{E}\sin \mathrm{H}}{\sin^2 \mathrm{E}\sin^2 \mathrm{H}}.$$

77. *Dans tout hexagone circonscrit à un cercle, les diagonales qui joignent les sommets de trois en trois se coupent au même point* (fig. 42).

Nommons α, ε, γ, δ, ε, φ les angles que les rayons menés aux points de contact A, B, C, D, E, F font avec la partie positive de l'axe des x.

Les coordonnées du point G seront

$$x = r\,\frac{\cos\dfrac{\alpha+\varepsilon}{2}}{\cos\dfrac{\alpha-\varepsilon}{2}}, \quad y = r\,\frac{\sin\dfrac{\alpha+\varepsilon}{2}}{\cos\dfrac{\alpha-\varepsilon}{2}};$$

celles du point K seront semblablement

$$x = r \frac{\cos \dfrac{\delta + \varepsilon}{2}}{\cos \dfrac{\delta - \varepsilon}{2}} \qquad y = r \frac{\sin \dfrac{\delta + \varepsilon}{2}}{\cos \dfrac{\delta - \varepsilon}{2}};$$

par conséquent l'équation de la diagonale GK sera (art. 75)

$$\frac{x \cos \dfrac{\alpha + \delta}{2} + y \sin \dfrac{\alpha + \delta}{2} - r \cos \dfrac{\alpha - \delta}{2}}{\sin \dfrac{\alpha - \delta}{2}}$$

$$+ \frac{x \cos \dfrac{\delta + \varepsilon}{2} + y \sin \dfrac{\delta + \varepsilon}{2} - r \cos \dfrac{\delta - \varepsilon}{2}}{\sin \dfrac{\delta - \varepsilon}{2}} = 0.$$

On obtient de même pour les diagonales HL et MI les équations

$$\frac{x \cos \dfrac{\delta + \varepsilon}{2} + y \sin \dfrac{\delta + \varepsilon}{2} - r \cos \dfrac{\delta - \varepsilon}{2}}{\sin \dfrac{\delta - \varepsilon}{2}}$$

$$+ \frac{x \cos \dfrac{\gamma + \varphi}{2} + y \sin \dfrac{\gamma + \varphi}{2} - r \cos \dfrac{\gamma - \varphi}{2}}{\sin \dfrac{\gamma - \varphi}{2}} = 0,$$

$$\frac{x \cos \dfrac{\gamma + \varphi}{2} + y \sin \dfrac{\gamma + \varphi}{2} - r \cos \dfrac{\gamma - \varphi}{2}}{\sin \dfrac{\gamma - \varphi}{2}}$$

$$+ \frac{x \cos \dfrac{\delta + \alpha}{2} + y \sin \dfrac{\delta + \alpha}{2} - r \cos \dfrac{\delta - \alpha}{2}}{\sin \dfrac{\delta - \alpha}{2}} = 0.$$

En retranchant la seconde équation de la somme des deux autres, l'on arrive à une identité. Les trois diagonales concourent donc en un même point.

78. On en conclura aisément que, *si un hexagone* ABCDEF

est inscrit dans un cercle, les points de concours P, Q, R *des côtés opposés sont en ligne droite.*

En effet, en menant des tangentes par les sommets de l'hexagone inscrit, on forme un hexagone circonscrit dans lequel la diagonale MI est la polaire du point P (art. 71), HL celle du point Q, et GK celle du point R. Comme ces droites se coupent au point N, leurs pôles doivent se trouver sur la polaire de ce point (art. 69).

Si dans l'hexagone circonscrit l'angle G vient à s'ouvrir jusqu'à égaler deux droits, les trois points A, B, G coïncideront, les deux tangentes MG, GH n'en feront plus qu'une, l'hexagone circonscrit et l'hexagone inscrit seront changés en pentagones. Comme les théorèmes précédents sont vrais, quelque petits que soient les côtés des deux hexagones, nous en conclurons que :

Dans un pentagone circonscrit, les diagonales qui joignent deux couples de sommets alternatifs se rencontrent sur la droite qui joint le cinquième sommet au point de contact du côté opposé;

Dans un pentagone inscrit, les points de concours de deux couples de côtés alternatifs sont en ligne droite avec le point où le cinquième côté rencontre la tangente menée par le sommet qui lui est opposé.

On retrouve semblablement les théorèmes analogues sur les quadrilatères et sur les triangles, démontrés aux articles 75 et 62.

79. Lorsque l'origine est au centre du cercle, les axes étant rectangulaires, l'équation de la tangente est

$$x \cos \alpha + y \sin \alpha = r,$$

dans laquelle α désigne l'angle que le rayon mené au point de contact fait avec la partie positive de l'axe des x.

Si l'on transporte les axes parallèlement à eux-mêmes et que la nouvelle origine ait pour coordonnées $-a$, $-b$, l'équation du cercle sera

$$(x - a)^2 + (y - b)^2 = r^2$$

et celle de la tangente

$$(x - a) \cos \alpha + (y - b) \sin \alpha = r.$$

Sous cette forme, on voit encore que la distance de cette droite au point a, b est égale au rayon (art. 14). Toutes les fois donc que l'équation d'une ligne droite pourra s'écrire de cette manière, on en conclura que la droite est tangente au cercle

$$(x - a)^2 + (y - b)^2 = r^2.$$

Par exemple, *si l'on abaisse de différents points donnés des perpendiculaires sur une même ligne, de direction variable, et qu'en multipliant chacune d'elles par une constante, la somme algébrique de ces produits soit toujours égale à une quantité donnée, on reconnaît que la droite variable est constamment tangente à un même cercle.*

Nommons $x'y'$, $x''y''$, $x'''y'''$.... les coordonnées des points donnés, m', m'', m'''.... les constantes, α l'angle que fait avec l'axe des x la perpendiculaire menée de l'origine sur la droite variable, p la distance de cette droite à l'origine ; son équation sera

$$x \cos \alpha + y \sin \alpha - p = 0.$$

L'on aura d'ailleurs, d'après l'énoncé,

$$m' (x' \cos \alpha + y' \sin \alpha - p) + m'' (x'' \cos \alpha + y'' \sin \alpha - p)$$
$$+ m''' (x''' \cos \alpha + y''' \sin \alpha - p).... = - K.$$

ou

$$\cos \alpha \sum (m'x') + \sin \alpha \sum (m'y') - p \sum (m') = - K.$$

En éliminant p entre cette dernière équation et celle de la droite, on obtient

$$\left[x - \frac{\sum (m'x')}{\sum (m')} \right] \cos \alpha + \left[y - \frac{\sum (m'y')}{\sum (m')} \right] \sin \alpha = \frac{K}{\sum (m')}.$$

C'est l'équation d'une droite variable, qui est toujours tangente au cercle

$$\left[x - \frac{\sum (m'x')}{\sum (m')} \right]^2 + \left[y - \frac{\sum (m'y')}{\sum (m')} \right]^2 = \left[\frac{K}{\sum (m')} \right]^2.$$

Si $K = 0$, la droite passe toujours par un point fixe puisque le rayon du cercle est nul, ce qui a été vu article 17.

Le centre de ce cercle, auquel la droite reste toujours tangente, est le centre de gravité d'un système de poids m', m'', m'''.... appliqués aux points $x'y'$, $x''y''$, $x'''y'''$....

80. Lorsque les axes sont obliques et font entre eux un angle θ, toute équation de la forme

$$(x - a) \cos \alpha + (y - b) \cos \varepsilon = r,$$

dans laquelle

$$\alpha + \mathfrak{b} = \theta,$$

représente une droite dont la distance au point (a, b) est égale à r (art. 14), et par conséquent cette droite est tangente au cercle qui a ce point pour centre et r pour rayon.

On voit d'ailleurs facilement que ce cercle ayant pour équation

$$(x - a)^2 + (y - b)^2 + 2(x - a)(y - b)\cos\theta = r^2,$$

celle de la tangente au point $x'y'$ sera

$$y - y' = -\frac{(x' - a) + (y' - b)\cos\theta}{(y' - b) + (x' - a)\cos\theta}(x - x')$$

ou en réduisant,

$$(x - a)(x' - a) + (y - b)(y' - b)$$
$$+ \cos\theta\,[(x - a)(y' - b) + (y - b)(x' - a)] = r^2.$$

Mais en désignant par α et $\mathfrak{b}$ les angles que le rayon mené au point de contact fait avec les axes des x et des y, on reconnaît que

$$x' - a = r\frac{\sin\mathfrak{b}}{\sin\theta}, \quad y' - b = r\frac{\sin\alpha}{\sin\theta}$$

et que le coefficient de $x - a$, savoir :

$$r\,\frac{\sin\mathfrak{b} + \sin\alpha\cos\theta}{\sin\theta},$$

se réduit à $r\cos\alpha$, que celui de $y - b$ se réduit semblablement à $r\cos\mathfrak{b}$, ce qui ramène l'équation de la tangente à la forme donnée plus haut.

Comme application, nous allons démontrer que *les bases de tous les triangles isopérimètres qui ont le même angle au sommet sont tangentes à un même cercle* (fig. 43).

Prenons le sommet pour origine et les côtés qui le comprennent pour axes des coordonnées. Soit p la longueur de la perpendiculaire abaissée de l'origine sur la base AB d'un de ces triangles, et α, $\mathfrak{b}$ les angles que cette perpendiculaire fait avec les parties positives des axes ; soit enfin θ l'angle du sommet O. L'équation de AB sera (art. 14)

$$x\cos\alpha + y\cos\mathfrak{b} = p.$$

Les longueurs des trois côtés du triangle AOB seront

$$OA = \frac{p}{\cos \alpha}, \quad OB = \frac{p}{\cos \ell}.$$

$$AB = p\,(\mathrm{Tg}\,\alpha + \mathrm{Tg}\,\ell) = \frac{p \sin \theta}{\cos \alpha \cos \ell}.$$

Si l'on représente par C le périmètre du triangle, quantité qui d'après l'énoncé doit être constante, nous aurons

$$p\,(\cos \alpha + \cos \ell + \sin \theta) = C \cos \alpha \cos \ell.$$

Mais de la relation (art. 13)

$$\cos^2 \alpha + \cos^2 \ell - 2 \cos \alpha \cos \ell \cos \theta = \sin^2 \theta,$$

on obtient

$$2 \cos \alpha \cos \ell \cos \theta = \cos^2 \alpha + \cos^2 \ell - \sin^2 \theta,$$

et en ajoutant aux deux membres $2 \cos \alpha \cos \ell$, et divisant par $2\,(1 + \cos \theta)$,

$$\cos \alpha \cos \ell = \frac{(\cos \alpha + \cos \ell)^2 - \sin^2 \theta}{2\,(1 + \cos \theta)},$$

d'où

$$p = \frac{C\,(\cos \alpha + \cos \ell - \sin \theta)}{2\,(1 + \cos \theta)} = \frac{C\,(\cos \alpha + \cos \ell - \sin \theta)}{4 \cos^2 \frac{\theta}{2}}.$$

En remplaçant p par cette valeur dans l'équation de AB, celle-ci devient

$$\left[x - \frac{C}{2\,(1 + \cos \theta)}\right] \cos \alpha + \left[y - \frac{C}{2\,(1 + \cos \theta)}\right] \cos \ell = - \frac{C \sin \theta}{2\,(1 + \cos \theta)}.$$

On voit, sous cette forme, que la base AB est tangente au cercle qui a pour centre le point de la bissectrice de l'angle O, dont les coordonnées sont égales à $\dfrac{C}{2\,(1 + \cos \theta)}$, et pour rayon $\dfrac{C \sin \theta}{2\,(1 + \cos \theta)}$.

Ce cercle est donc tangent aux deux côtés de l'angle O. Les points de contact sont à une distance du sommet égale à $\dfrac{C}{2}$.

81. *Si par un point d'une circonférence l'on mène trois cordes et que sur chacune d'elles comme diamètre l'on décrive un cercle, les intersections de ces trois cercles, autres que le premier point, seront en ligne droite* (fig. 44).

Prenons pour axe polaire le diamètre qui passe par le point donné sur la circonférence, et pour pôle ce point. Sur les trois cordes OA, OB, OC, correspondant aux amplitudes α, ϵ, γ, et ayant par conséquent pour longueurs $d \cos \alpha$, $d \cos \epsilon$, $d \cos \gamma$, en désignant par d le diamètre de la circonférence donnée, décrivons les cercles ayant ces cordes pour diamètres. Leurs équations seront

$$\rho = d \cos \alpha \, \cos (\omega - \alpha),$$
$$\rho = d \cos \epsilon \, \cos (\omega - \epsilon),$$
$$\rho = d \cos \gamma \, \cos (\omega - \gamma).$$

Les coordonnées du point D s'obtiendront au moyen des deux premières; celles-ci donnent

$$\rho = d \cos \alpha \, \cos (\omega - \alpha) = d \cos \epsilon \, \cos (\omega - \epsilon),$$

d'où l'on tire

$$\omega - 2\alpha = \omega - 2\epsilon$$

ou

$$\omega - 2\alpha = 2\epsilon - \omega.$$

La première solution doit être écartée puisque les deux cordes OA et OB sont distinctes. La seconde solution donne

$$\omega = \alpha + \epsilon$$

et par suite

$$\rho = d \cos \alpha \, \cos \epsilon.$$

Ce sont les coordonnées du point D; nous les nommerons ω' et ρ'.

On trouvera semblablement, pour celles du point E,

$$\omega'' = \alpha + \gamma, \quad \rho'' = d \cos \alpha \, \cos \gamma,$$

et pour celles du point F,

$$\omega''' = \epsilon + \gamma, \quad \rho''' = d \cos \epsilon \, \cos \gamma.$$

En mettant ces valeurs dans l'équation trouvée à l'article 53 et qui exprime la condition à laquelle doivent satisfaire les coordonnées polaires de trois points pour que ceux-ci soient en ligne droite, on arrive à l'identité

$$\cos \alpha \sin (\epsilon - \gamma) + \cos \gamma \sin (\alpha - \epsilon) + \cos \epsilon \sin (\gamma - \alpha) = 0.$$

Les trois points D, E, F sont donc en ligne droite.

D'ailleurs l'équation de cette ligne DE est (art. 5x)

$$\rho = \frac{\rho'\rho'' \sin(\omega' - \omega'')}{\rho'' \sin(\omega - \omega'') - \rho' \sin(\omega - \omega')}$$

$$= \frac{\rho'\rho'' \sin(\omega' - \omega'')}{\sin\omega\,(\rho''\cos\omega'' - \rho'\cos\omega') - \cos\omega\,(\rho''\sin\omega'' - \rho'\sin\omega')}.$$

En y mettant pour ω' et ω'', ρ' et ρ'' leurs valeurs, elle devient

$$\rho = \frac{d\cos\alpha\cos\epsilon\cos\gamma\sin(\epsilon - \gamma)}{\sin\omega\,[\cos\gamma\cos(\alpha+\gamma) - \cos\epsilon\cos(\alpha+\epsilon)] - \cos\omega\,[\cos\gamma\sin(\alpha+\gamma) - \cos\epsilon\sin(\alpha+\epsilon)]}$$

Mais

$$\cos\gamma\cos(\alpha + \gamma) - \cos\epsilon\cos(\alpha + \epsilon)$$

$$= \cos\alpha\,(\cos^2\gamma - \cos^2\epsilon) - \sin\alpha\,(\sin\gamma\cos\gamma - \sin\epsilon\cos\epsilon)$$

$$= \frac{1}{2}\cos\alpha\,(\cos 2\gamma - \cos 2\epsilon) - \frac{1}{2}\sin\alpha\,(\sin 2\gamma - \sin 2\epsilon)$$

$$= \sin(\epsilon - \gamma)\sin(\alpha + \epsilon + \gamma).$$

De même

$$\cos\gamma\sin(\alpha + \gamma) - \cos\epsilon\sin(\alpha + \epsilon) = -\sin(\epsilon - \gamma)\cos(\alpha + \epsilon + \gamma).$$

L'équation de la ligne DE peut donc s'écrire

$$\rho = \frac{d\cos\alpha\cos\epsilon\cos\gamma}{\cos(\omega - \alpha - \epsilon - \gamma)}.$$

La symétrie de cette équation par rapport à α, ϵ, γ, montre aussi que l'on arriverait au même résultat si l'on cherchait l'équation de la ligne DF. Les deux lignes DE et DF se confondent donc en une seule.

82. L'équation d'un cercle, en coordonnées rectangulaires, est

$$(x - a)^2 + (y - b)^2 - r^2 = 0.$$

Le premier membre exprime le carré de la tangente menée à ce cercle par un point dont les coordonnées sont x et y, car

$$\overline{AB}^2 = \overline{CB}^2 - \overline{CA}^2 \text{ (fig. 45)}.$$

Il suit de cette remarque que *le lieu des points d'où l'on peut mener à deux cercles donnés des tangentes qui soient entre elles dans un rapport constant est un cercle.*

En effet, soit

$$(x - a)^2 + (y - b)^2 - r^2 = 0,$$
$$(x - a')^2 + (y - b')^2 - r'^2 = 0,$$

ou, pour abréger, $S = 0$, $S' = 0$ les équations de ces deux cercles; celle du lieu sera

$$S - K^2 S' = 0.$$

Elle représentera une circonférence puisque les coefficients de x^2 et de y^2 seront égaux et qu'il ne s'y trouvera pas de terme en xy.

Si $r = 0$ et $r' = 0$, les deux cercles donnés se réduisent à leurs centres et la circonférence qui a pour équation

$$S - K^2 S' = 0,$$

est le lieu des points tels que leurs distances à ces deux points fixes sont dans un rapport constant $= K$.

Le lieu des points d'où l'on peut mener aux deux cercles donnés des tangentes égales a pour équation

$$S - S' = 0;$$

c'est une ligne droite, à laquelle on a donné le nom d'*axe radical* des deux cercles. Si ceux-ci se coupent, l'équation de l'axe radical montre que cette ligne est la corde commune. S'ils sont tangents, l'axe radical est la tangente commune.

Dans tous les cas l'équation de l'axe radical de deux cercles s'obtient par les mêmes opérations que celle de la droite qui joint leurs points d'intersection. Cet axe est perpendiculaire à la ligne des centres.

L'équation $S - S' = 0$, qu'on peut écrire

$$(x - a)^2 + (y - b)^2 - (x - a')^2 - (y - b')^2 = r^2 - r'^2,$$

montre aussi que l'axe radical de deux cercles est le lieu des points tels que la différence des carrés de leurs distances aux deux centres est constante, et a pour valeur la différence des carrés des rayons.

Si donc on veut construire le lieu des points dont la différence des carrés des distances à deux points fixes A et B est égale à m^2, on décrit du point A et du point B comme centres, avec des rayons plus grands que la moitié de AB, deux cercles dont les carrés des rayons aient pour différence m^2, et l'on joint leurs points d'intersection.

Enfin la droite qui a pour équation

$$S - S' = p^2$$

est le lieu des points d'où les tangentes menées aux deux

cercles $S = o$, $S' = o$ ont pour différence de leurs carrés une quantité constante p^2.

83. *Les axes radicaux de trois cercles se coupent en un même point qu'on nomme leur centre radical.*

Car si les équations des trois cercles sont

$$S = o, \quad S' = o, \quad S'' = o,$$

celles des axes radicaux seront

$$S - S' = o, \quad S' - S'' = o, \quad S'' - S = o,$$

qui ajoutées donnent une identité.

Il suit de là *qu'on obtient un point de l'axe radical de deux cercles en traçant une troisième circonférence qui coupe les deux premières et en prolongeant les cordes communes jusqu'à leur rencontre.*

84. *Si plusieurs cercles passent par deux points fixes, leurs cordes d'intersection avec un cercle donné passeront toujours par un même point.*

Désignons par S le cercle donné et par S', S'', S'''.... les cercles qui passent par les points fixes. Ces derniers ont pour axe radical commun la droite qui joint ces points fixes. Le centre radical du cercle S et de deux autres S', S'' doit donc se trouver à l'intersection de la ligne qui joint les points fixes et de la corde commune à S et à S', par exemple, quel que soit le troisième cercle S''.

Si quelques-uns des cercles S', S'', S'''.... ne coupaient pas le cercle S, ce que nous venons de dire pour les cordes d'intersection serait vrai pour les axes radicaux du cercle S et de chacun des autres cercles, de sorte qu'on voit que, *si par deux points fixes l'on fait passer un cercle quelconque, l'axe radical par rapport à un cercle donné passe toujours par un même point.*

L'analyse conduit assez simplement à ces mêmes résultats.

Soient $S' = o$, $S'' = o$ les équations de deux cercles passant par les points fixes. Celle d'un troisième cercle ayant avec les premiers les mêmes intersections sera

$$S''' = \frac{S' - mS''}{1 - m} = o,$$

dans laquelle m est une indéterminée autre que l'unité. On voit en effet que, mise sous cette forme, l'équation $S''' = o$ représente bien une circonférence passant par les points d'intersection de S' et S'', puisqu'elle est satisfaite en faisant en même temps

$S' = 0$ et $S'' = 0$; de plus dans cette équation, comme dans les deux autres, les coefficients de x^2 et de y^2 sont égaux à l'unité.

L'axe radical des cercles S et S''' sera donné par l'équation

$$S - S''' = 0$$

et par conséquent par celle-ci :

$$S - S' - m\,(S - S'') = 0.$$

On voit que c'est l'équation d'une ligne droite passant, quel que soit m, et par conséquent quel que soit le cercle S''', par le point de concours (art. 10) des axes radicaux $S - S' = 0$, $S - S'' = 0$.

Il résulte de là que, pour faire passer par deux points A et B (fig. 46) une circonférence tangente à un cercle donné O, il faut faire passer par ces deux points une circonférence qui coupe le cercle, déterminer le point E de concours de la ligne d'intersection CD avec AB, et par ce point mener des tangentes au cercle O. Les points de contact de ces lignes et du cercle O seront aussi ceux de ce même cercle avec les circonférences satisfaisant à la question.

85. Deux cercles étant donnés, si nous prenons pour axes des x la ligne qui joint leurs centres, et pour axe des y leur axe radical, les équations seront

$$x^2 + y^2 - 2ax + d^2 = 0, \quad x^2 + y^2 - 2a'x + d^2 = 0;$$

car en les retranchant l'une de l'autre on trouve $x = 0$ pour équation de l'axe radical.

Si d'un point de la première circonférence on mène une tangente à la seconde, le carré de cette tangente sera

$$x^2 + y^2 - 2a'x + d^2.$$

Mais x et y satisfont à la condition

$$x^2 + y^2 - 2ax + d^2 = 0,$$

donc cette expression se réduit à

$$2\,(a - a')\,x.$$

On voit ainsi que *la tangente menée à un cercle par un point pris sur la circonférence d'un autre cercle est moyenne proportionnelle entre la distance des centres et le double de la perpendiculaire abaissée de ce point sur l'axe radical.*

86. Considérons présentement un système de cercles ayant une même ligne pour axe radical, mais ne se rencontrant pas.

En adoptant les mêmes axes coordonnées que ci-dessus, l'équation générale de chacun de ces cercles sera

$$x^2 + y^2 - 2ax + d^2 = 0,$$

dans laquelle a varie seul quand on passe d'un cercle à un autre. *Si l'on se donne un point à volonté sur le plan de tous ces cercles, sa polaire par rapport à l'un quelconque d'entre eux passera toujours par un point fixe.*

En effet, x' et y' étant les coordonnées du point donné, l'équation de sa polaire sera (art. 68), par rapport à l'un quelconque de ces cercles,

$$xx' + yy' - a(x + x') + d^2 = 0.$$

Cette équation ne renferme d'autre indéterminée que a; elle représente donc toujours une droite passant (art. 10) par le point de concours des deux lignes

$$xx' + yy' + d^2 = 0, \quad x + x' = 0.$$

La première est la polaire, par rapport au cercle

$$x^2 + y^2 = d^2,$$

du point $-x'$, $-y'$, symétrique du point donné par rapport à l'origine; et la seconde est une parallèle à l'axe des y menée par ce même point symétrique de celui qui est donné.

Ces deux lignes coïncideront, et par conséquent la polair edu point $x'\,y'$ par rapport à l'un quelconque des cercles du système, sera toujours la même, lorsque ce point sera donné sur l'axe des x, à l'intersection de cette ligne avec la circonférence

$$x^2 + y^2 = d^2;$$

car son symétrique aura une position semblable de l'autre côté de l'origine.

Il y a donc sur l'axe des x deux points, situés de part et d'autre de l'origine à une distance d, dont les polaires, par rapport à un cercle quelconque du système, sont des droites fixes; et d'après ce qui a été vu plus haut, la polaire de chacun de ces points, symétriques l'un de l'autre, est la perpendiculaire à l'axe des x (ligne des centres) qui a pour pied l'autre point.

L'équation d'un cercle quelconque du système peut s'écrire

$$(x - a)^2 + y^2 = a^2 - d^2.$$

Lorsque a^2 diminue jusqu'à égaler d^2, cette équation se réduit à celles-ci $y = 0$, $x = \pm\, d$ et donne ces deux points que nous venons de considérer, qui sont les *points limites* du système de cercles.

87. Si tous les cercles du système passent par deux points fixes, en prenant l'axe radical pour axe des y, et la ligne des centres pour axe des x, on aura pour l'équation générale de l'un quelconque d'entre eux,

$$x^2 + y^2 - 2ax - d^2 = 0,$$

et par les mêmes raisonnements que plus haut nous reconnaîtrons que la polaire d'un point donné, par rapport à l'un quelconque de ces cercles, passe toujours par l'intersection des deux lignes

$$xx' + yy' = d^2, \quad x + x' = 0.$$

La première est la polaire du point donné, x', y' par rapport au cercle

$$x^2 + y^2 = d^2,$$

qui a pour diamètre la corde commune à tous les cercles, et la seconde est une parallèle à cette dernière ligne passant par le symétrique du point donné.

Mais ces deux lignes ne pourront jamais se confondre. Il n'y aura donc pas, dans ce cas, de point tel que sa polaire par rapport à l'un quelconque des cercles du système soit une ligne fixe.

88. *Si d'un point quelconque de l'axe radical commun à tous ces cercles l'on mène des tangentes à ces courbes, elles seront toutes égales entre elles* (art. 82), *et, par conséquent, les points de contact seront sur une circonférence ayant pour centre le point choisi sur l'axe radical, et pour rayon la longueur de l'une de ces tangentes.*

Cette circonférence coupera toutes celles du système à *angles droits*, car les rayons aboutissants à un même point d'intersection seront, l'un tangent, l'autre normal au cercle du système.

Si les cercles qui ont même axe radical passent par deux points fixes, leur équation générale est (art. 87):

$$x^2 + y^2 - 2ax - d^2 = 0.$$

Le carré de la tangente menée par le point $x = 0$, $y = K$, aura pour valeur (art. 82) celle que donne le premier membre quand on y remplace x et y par 0 et K; ce sera donc

$$K^2 - d^2.$$

La circonférence, lieu des contacts de toutes les tangentes, aura donc pour équation

$$x^2 + (y - \mathrm{K})^2 = \mathrm{K}^2 - d^2.$$

Il faudra nécessairement que K^2 soit plus grand que d^2, c'est-à-dire que le point pris sur l'axe radical ne soit pas compris entre les deux points fixes par où passent toutes les circonférences du système.

Si les cercles qui ont même axe radical n'ont pas de points communs (art. 86), leur équation générale est

$$x^2 + y^2 - 2ax + d^2 = 0.$$

On trouvera pour l'équation de la circonférence qui passe par les points de contact

$$x^2 + (y - \mathrm{K})^2 = \mathrm{K}^2 + d^2.$$

On peut donner à K toutes les valeurs qu'on voudra, par conséquent on peut choisir un point quelconque de l'axe radical pour mener des tangentes à tous les cercles du système ; mais *la circonférence, lieu des contacts, passera toujours par les points limites, car en faisant* $y = 0$ *dans son équation, on trouve* $x = \pm d$.

Toutes les circonférences qui coupent à angles droits celles du système passent donc par ces points limites.

89. Nous avons vu (art. 86 et 87) que les polaires d'un point quelconque A par rapport à tous les cercles du système passent par un point fixe B, intersection des deux lignes $x + x' = 0$, $xx' + yy' \pm d^2 = 0$, x' et y' désignant les coordonnées du point A, le signe $+$ devant être pris devant d^2 si les cercles ne se rencontrent pas, et le signe $-$ dans le cas où ils passent par deux points fixes.

Nommons x'' et y'' les coordonnées du point B ; les relations $x'' + x' = 0$, $x''x' + y''y' \pm d^2 = 0$, auxquelles elles satisfont, montrent par leur symétrie que toutes les polaires du point B passent par le point A. Ces deux points sont donc, sous ce rapport, réciproques l'un de l'autre.

Le milieu de la ligne qui les joint se trouve sur l'axe radical, puisque $x'' = - x'$.

De plus, si l'on considère un quelconque des cercles du système, la polaire du point A et la ligne qui joint ce point au centre forment un angle droit dont le sommet est situé nécessairement sur la circonférence décrite sur AB comme diamètre.

Dans le cas où les cercles du système ne se rencontrent pas, chacun des points limites peut être considéré comme l'un de ces cercles dont le rayon a diminué jusqu'à o; la droite qui joint un des points limites au point A doit donc être perpendiculaire à la polaire qui joint ce même point limite au point B. Ainsi chaque point limite se trouve sur cette circonférence qui est décrite sur AB comme diamètre.

Ce résultat se vérifie aisément par l'analyse, car les points limites sont donnés par l'équation générale

$$x^2 + y^2 - 2ax + d^2 = o$$

(art. 86) quand on y fait $a = \pm d$; l'équation de la polaire du point $x'\,y'$ par rapport à un cercle du système devient alors

$$xx' + yy' \pm d(x + x') + d^2 = o,$$

ou

$$y = - \frac{x' \pm d}{y'} (x \pm d).$$

On voit que la droite qu'elle représente passe par le point limite qui correspond au signe que l'on prend devant d; qu'elle est perpendiculaire à celle qui joint ce point au point A, et qui a pour équation

$$y = \frac{y'}{x' \pm d} (x \pm d).$$

90. Soit $(x - a)^2 + (y - b)^2 - r^2 = o$ l'équation d'un cercle donné. Représentons comme précédemment le premier membre par S. *Un cercle mobile de rayon* R, *coupant toujours le premier suivant un angle constant* α, *aura son centre sur une circonférence concentrique,* car si l'on nomme D la distance des centres du cercle mobile dans l'une quelconque de ses positions et du cercle fixe S, on aura

$$D^2 = R^2 + r^2 - 2Rr \cos \alpha,$$

puisque l'angle formé par les rayons menés au point d'intersection est égal à celui des tangentes en ce même point. R, r, α étant constants, D le sera donc.

Nommons x et y les coordonnées du centre mobile, alors

$$D^2 = (x - a)^2 + (y - b)^2$$

et

$$D^2 - r^2 = S.$$

La relation précédente donne donc

$$R^2 - 2Rr \cos \alpha = S$$

pour l'équation de la circonférence que décrit le centre du cercle mobile.

Si le cercle mobile était en outre assujetti à couper sous un angle constant ε un autre cercle

$$(x - a')^2 + (y - b')^2 - r'^2 = S' = o,$$

les coordonnées de son centre devraient satisfaire à la fois aux deux relations

$$R^2 - 2Rr \cos \alpha = S, \quad R^2 - 2Rr' \cos \varepsilon = S';$$

et par conséquent R ne serait plus constant. Le cercle mobile changerait à la fois de grandeur et de position.

Le lieu de son centre s'obtiendrait en éliminant R entre les deux équations précédentes, ce qui conduirait à l'équation du second degré

$$(S - S')^2 - 4r \cos\alpha(r' \cos\varepsilon - r\cos\alpha)(S - S') = 4S(r' \cos\varepsilon - r\cos\alpha)^2.$$

Mais ce qu'il y a de remarquable, c'est que *si dans une de ses positions particulières ce cercle variable coupe un des cercles du même système radical que les deux cercles S et S' sous un angle* γ, *il le coupera toujours dans toutes ses positions sous le même angle.*

En effet les deux relations

$$R^2 - 2Rr \cos \alpha = S, \quad R^2 - 2Rr' \cos \varepsilon = S'$$

donnent en les ajoutant après les avoir multipliées par des indéterminées m et n,

$$R^2 - 2R \frac{mr \cos \alpha + nr' \cos \varepsilon}{m + n} = \frac{mS + nS'}{m + n} = S'$$

En nommant r'' le rayon de ce cercle S'', qui appartient au même système radical que S et S' (art. 84), et γ l'angle sous lequel il est coupé par le cercle mobile, on a également

$$R^2 - 2Rr'' \cos \gamma = S''.$$

On en conclut

$$\cos \gamma = \frac{mr \cos \alpha + nr' \cos \varepsilon}{(m + n) r''}.$$

Or de S'' $= o$ on tire

$$(m + n)^2 r''^2 = (mr + nr')^2 + mn\left[(r - r')^2 - (a - a')^2 - (b - b')^2\right].$$

On voit que $\cos \gamma$ sera constant, quelle que soit la position du cercle mobile, et ne dépendra que des angles α et ε ainsi que de m et n.

Si α et 6 étaient tous deux égaux à 90°, γ aurait aussi la même valeur, quelles que fussent les indéterminées m et n. Ainsi donc, *quand un cercle mobile est assujetti à couper à angles droits deux cercles donnés, il coupe à angles droits, dans toutes les positions qu'il occupe, tous les cercles du même système radical.*

L'équation générale du lieu du centre mobile se réduit dans ce cas à $S - S' = o$; ce centre décrit donc l'axe radical de tous ces cercles.

On peut déterminer m et n de manière que le cercle mobile soit toujours tangent à S''. Il faut pour cela que

$$(mr + nr')^2 + mn[(r - r')^2 - (a - a')^2 - (b - b')^2]$$
$$= (mr \cos \alpha + nr' \cos 6)^2.$$

Cette équation du second degré donnera pour $\dfrac{m}{n}$ deux valeurs, par conséquent il y aura deux cercles du système auxquels le cercle mobile, qui coupe S et S' suivant les angles α et 6, sera toujours tangent; à la condition toutefois que les deux valeurs de $\dfrac{m}{n}$ soient réelles et inégales.

En général le cercle mobile coupera sous un angle donné γ deux cercles du système radical des deux cercles donnés; pour les obtenir il faudra déterminer $\dfrac{m}{n}$ par la relation

$$\{(mr + nr')^2 + mn[(r - r')^2 - (a - a') - (b - b')^2]\}\cos^2\gamma$$
$$= (mr \cos \alpha = nr' \cos 6)^2.$$

Cette même équation servira aussi à déterminer l'angle γ sous lequel le cercle variable coupe un cercle donné S'' dans le système, correspondant à des valeurs données de m et n. Si les valeurs qu'on en tire pour $\cos \gamma$ ne sont pas comprises entre -1 et $+1$, le cercle mobile ne rencontrera jamais le cercle S''.

91. *Mener une tangente commune à deux cercles* (fig. 47).

Si les équations de ces deux cercles sont

$$(x - a)^2 + (y - b)^2 = r^2, \quad (x - a')^2 (y - b')^2 = r'^2,$$

une tangente au premier, en désignant par α l'angle que le rayon mené au point de contact fait avec l'axe des x, a pour équation (art. 79)

$$(x - a) \cos \alpha + (y - b) \sin \alpha = r.$$

De même, une tangente au second cercle a pour équation

$$(x - a') \cos \theta + (y - b') \sin \theta = r'.$$

Pour que ces deux tangentes ne fassent qu'une même ligne, il faut d'abord que

$$\mathrm{Tg}\, \alpha = \mathrm{Tg}\, \theta,$$

d'où

$$\theta = \alpha$$

ou

$$\theta = 180° + \alpha,$$

Les rayons menés aux points de contact sont donc parallèles.

Il faut en outre que les termes indépendants des coordonnées soient égaux.

Si $\theta = \alpha$, cette condition donne

$$(a - a') \cos \alpha + (b - b') \sin \alpha + r - r' = 0,$$

équation du second degré en sin α, à laquelle correspondront deux tangentes.

Si $\theta = 180° + \alpha$, on obtient

$$(a - a') \cos \alpha + (b - b') \sin \alpha + r + r' = 0,$$

autre équation du second degré à laquelle correspondront deux autres tangentes.

Supposons $r > r'$. Si du centre (a, b) du premier cercle on décrit une circonférence ayant $r - r'$ pour rayon, l'équation d'une tangente à cette courbe sera

$$(x - a) \cos \alpha + (y - b) \sin \alpha = r - r',$$

et si cette tangente passe par le centre (a', b') du second cercle, l'angle α sera donné par l'équation

$$(a - a') \cos \alpha + (b - b') \sin \alpha + r - r' = 0,$$

trouvée ci-dessus.

On obtiendra donc deux tangentes AA′, BB′ en traçant du point K comme centre avec $\mathrm{KE} = r - r'$ pour rayon une circonférence à laquelle on mènera les deux tangentes K′E, K′E′; les rayons KE et KE′ prolongés en A et en B donneront les points de contact du grand cercle; il n'y aura plus qu'à mener par ces points des parallèles à K′E et K′E′.

On reconnaît semblablement que les tangentes CC′, DD′ sont parallèles à K′F, K′F′, tangentes menées par le point K′ à la circonférence qui a le point K pour centre et $r + r'$ pour rayon.

Les points de contact A, B s'obtiendront de la relation

$$(a - a') \cos \alpha + (b - b') \sin \alpha + r - r' = 0$$

dans laquelle on remplacera $\cos \alpha$ par $\dfrac{x' - a}{r}$ et $\sin \alpha$ par $\dfrac{y' - b}{r}$,

ce qui donnera

$$(a - a')(x' - a) + (b - b')(y' - b) + r(r - r') = 0,$$

combinée avec l'équation

$$(x' - a)^2 + (y' - b)^2 = r^2.$$

Alors l'équation de la corde AB sera

$$(a - a')(x - a) + (b - b')(y - b) + r(r - r') = 0.$$

On trouve de même

$$(a - a')(x - a) + (b - b')(y - b) + r(r + r') = 0$$

pour l'équation de la corde CD.

Le point O, où se rencontrent les tangentes AA', BB', est le pôle de AB par rapport au cercle K. Or la polaire d'un point $x'y'$ a pour équation, art. 67,

$$(x - a)(x' - a) + (y - b)(y' - b) = r^2.$$

En comparant cette équation à celle de AB, qu'on peut écrire

$$\frac{(a' - a) r}{r - r'}(x - a) + \frac{(b' - b) r}{r - r'}(y - b) = r^2,$$

on obtient

$$x' = a + \frac{(a' - a) r}{r - r'} = \frac{a'r - ar'}{r - r'}$$

et

$$y' = \frac{b'r - br'}{r - r'}$$

pour les coordonnées du point O.

On obtiendra semblablement

$$\frac{a'r + ar'}{r + r'}, \quad \frac{b'r + br'}{r + r'}$$

pour celles du point O'.

Ces deux points sont donc situés sur la ligne des centres, KK', et la divisent en parties proportionnelles aux rayons (art. 1).

92. Si l'on prend le point O pour origine de coordonnées polaires et la ligne des centres pour axe, en appelant d et d'

les distances OK et OK', les équations des deux cercles seront

$$\rho^2 + d^2 - 2d\rho \cos \omega = r^2, \quad \rho^2 + d'^2 - 2d'\rho \cos \omega = r'^2.$$

Mais $d' = d\,\dfrac{r'}{r}$; la seconde équation peut donc s'écrire

$$\rho^2\,\frac{r^2}{r'^2} + d^2 - 2d\rho\,\frac{r}{r'}\,\cos \omega = r^2.$$

En la comparant à la première, on voit que les rayons vecteurs menés aux deux cercles sous une même amplitude ω sont dans le rapport des rayons de ces cercles.

Le point O *est donc un centre de similitude directe.*

Si l'on prenait pour origine le point O', les cercles auraient pour équations

$$\rho^2 + d^2 - 2d\rho \cos \omega = r^2, \quad \rho^2 + d'^2 + 2d'\rho \cos \omega = r'^2.$$

La relation $d' = d\,\dfrac{r}{r'}$ donnerait à la seconde équation la forme

$$\rho^2\,\frac{r^2}{r'^2} + d^2 + 2d\rho\,\frac{r'}{r}\,\cos \omega = r^2,$$

d'où l'on reconnaîtrait que les rayons vecteurs menés aux deux cercles sous des amplitudes ω et $180° + \omega$ sont dans le rapport des rayons.

Le point O' *est donc un centre de similitude inverse.*

Ces deux centres de similitude s'obtiennent en coupant la ligne des centres par des lignes joignant les extrémités de rayons parallèles.

Leur existence n'est pas d'ailleurs subordonnée à la possibilité de mener aux deux cercles donnés des tangentes communes.

93. Si l'on mène deux sécantes OB, OD par l'un des centres de similitude, les lignes AC, A'C' qui joignent les extrémités des rayons vecteurs homologues sont nécessairement parallèles, *mais les droites* AC *et* B'D', *de même que* BD *et* A'C' *se coupent sur l'axe radical* (fig. 48).

En effet, le quadrilatère ACB'D' est inscriptible, car les angles OAC et BDC étant supplémentaires de BAC sont égaux entre eux; on a donc aussi

$$OAC = B'D'C'$$

et par suite

$$OAC + B'D'C = 180°.$$

Les droites AC et B'D' sont donc les cordes d'intersection des deux cercles donnés avec un troisième circonscrit au quadrilatère ACB'D', et (art. 83) par conséquent elles doivent se couper sur l'axe radical.

Il en est de même pour les deux lignes BD et A'C'.

On arrive aux mêmes résultats pour les sécantes menées par le centre O' de similitude inverse.

La sécante OB restant fixe, si la sécante OD s'en rapproche indéfiniment, les droites AC et A'C' ne cessent pas d'être parallèles et finissent par se confondre avec les tangentes en A et en A'; ces deux tangentes sont donc parallèles.

On voit semblablement que les tangentes en A et en B' doivent se rencontrer sur l'axe radical.

94. *Trois cercles étant donnés, si l'on joint un centre de similitude du premier et du second avec un centre de similitude du second et du troisième, cette ligne passera par un centre de similitude du premier et du troisième* (fig. 49).

En effet, si C, C', C'' sont les trois cercles donnés, ayant pour équations

$$(x - a)^2 + (y - b)^2 - r^2 = 0,$$
$$(x - a')^2 + (y - b')^2 - r'^2 = 0,$$
$$(x - a'')^2 + (y - b'')^2 - r''^2 = 0,$$

les coordonnées du point S'' sont (art. 91)

$$\frac{a'r - ar'}{r - r'}, \quad \frac{b'r - br'}{r - r'}.$$

Celles du point S sont

$$\frac{a''r' - a'r''}{r' - r''}, \quad \frac{b''r' - b'r''}{r' - r''},$$

et enfin celles de S' sont

$$\frac{ar'' - a''r}{r'' - r}, \quad \frac{br'' - b''r}{r'' - r}.$$

La ligne SS'', qui joint les deux premiers points, a pour équation

$$y\left[r\left(a' - a''\right) + r'\left(a'' - a\right) + r''\left(a - a'\right)\right]$$
$$- x\left[r\left(b' - b''\right) + r'\left(b'' - b\right) + r''\left(b - b'\right)\right]$$
$$+ r\left(b'a'' - a'b''\right) + r'\left(b''a - a''b\right) + r''\left(ba' - ab'\right) = 0.$$

A cause de la symétrie, on reconnaît qu'on obtiendra la même équation pour la droite qui joint les points S et S′ ; les trois points S, S′, S″ sont donc en ligne droite.

Semblablement les coordonnées du point s' sont (art. 91)

$$\frac{a'r + ar'}{r + r'}, \quad \frac{b'r + br'}{r + r'},$$

qui ne diffèrent de celles de S″ que par le signe de r'. Celles du point s sont

$$\frac{a''r' + a'r''}{r' + r''}, \quad \frac{b''r' + b'r''}{r' + r''},$$

qui ne diffèrent aussi de celles de S que par le signe de r'. L'équation de ss'' sera donc

$$y\left[r(a' - a'') - r'(a'' - a) + r''(a - a')\right]$$
$$- x\left[r(b' - b'') - r'(b'' - b) + r''(b - b')\right]$$
$$+ r(b'a'' - a'b'') - r'(b''a - a''b) + r''(ba' - ab') = 0.$$

Puisque la première équation, celle de SS″, est satisfaite par les coordonnées de S′ qui sont indépendantes de r', cette seconde équation, qui ne diffère de la première que par le signe de r', sera donc aussi satisfaite par ces mêmes coordonnées. La droite ss'' passe donc par le point S′.

Semblablement ss' passe par S″, et $s's''$ par S.

Ainsi les six centres de similitude sont trois à trois en ligne droite.

Ces quatre lignes sont nommées axes de similitude, et chacune d'elles contient un des centres de similitude directe.

De plus, les trois lignes Cs, C′s', C″s'' se rencontrent en un même point.

En effet, les coordonnées du point C sont a et b, celles du point s sont

$$\frac{a''r' + a'r''}{r' + r''}, \quad \frac{b''r' + b'r''}{r' + r''};$$

l'équation de Cs est donc

$$y - b = \frac{b(r' + r'') - b''r' - b'r''}{a(r' + r'') - a''r' - a'r''}(x - a),$$

ou

$$r'\left[y(a - a'') - x(b - b'') - (ab'' - ba'')\right]$$
$$+ r''\left[y(a - a') - x(b - b') - (ab' - ba')\right] = 0.$$

On a semblablement pour $C's'$ et $C''s''$ les équations

$$r'' \left[y(a'-a) - x(b'-b) - (a'b - b'a) \right]$$
$$+ r \left[y(a'-a'') - x(b'-b'') - (a'b'' - b'a'') \right] = 0,$$
$$r \left[y(a''-a') - x(b''-b') - (a''b' - b''a') \right]$$
$$+ r' \left[y(a''-a) - x(b''-b) - (a''b - b''a) \right] = 0,$$

qui ajoutées à la précédente donnent une identité.

95. Ces résultats peuvent s'obtenir très-aisément aussi par des considérations purement géométriques.

Considérons le triangle $CC'C''$. Ses côtés passent par les centres de similitude des trois cercles, et comme l'on a

$$\frac{C S''}{C'S''} = \frac{r}{r'}, \quad \frac{C' S}{C''S} = \frac{r'}{r''}, \quad \frac{C''S'}{C S'} = \frac{r''}{r},$$

on en conclut

$$CS'' \times C'S \times C''S' = CS' \times C''S \times C'S'',$$

ce qui indique (art. 4) que les trois points S, S', S'' sont en ligne droite.

L'on a de même

$$\frac{C s''}{C's''} = \frac{r}{r'}, \quad \frac{C' s}{C''s} = \frac{r'}{r''}, \quad \frac{C''S'}{C S'} = \frac{r''}{r},$$

d'où

$$Cs'' \times C's \times C''S' = CS' \times C''s \times C's'';$$

par conséquent les trois points s'', s, S' sont en ligne droite.

On trouve semblablement que les droites $s's$, $s''s$ passent par les points S'' et S.

Enfin des relations

$$\frac{C s''}{C's''} = \frac{r}{r'}, \quad \frac{C' s}{C''s} = \frac{r'}{r''}, \quad \frac{C''s'}{C s'} = \frac{r''}{r},$$

on tire

$$Cs'' \times C's \times C''s' = Cs' \times C''s \times C's'',$$

d'où l'on peut conclure (art. 6) que les trois lignes Cs, $C's'$ $C''s''$ se coupent en un même point.

D'ailleurs, ce dernier résultat provient aussi de ce que les côtés des triangles $CC'C''$, $ss's''$ se rencontrent en trois points S, S', S'' qui sont en ligne droite (art. 43).

96. *Lorsque deux circonférences sont tangentes extérieurement, le point de contact est un centre de similitude inverse; lorsqu'elles sont tangentes intérieurement, ce point est un centre de similitude directe.*

On le reconnaît aisément en examinant ce que deviennent les tangentes communes aux deux circonférences considérées dans l'article 91 lorsque leurs centres se rapprochent jusqu'à ce qu'elles soient tangentes extérieurement puis intérieurement.

D'ailleurs en prenant pour origine de coordonnées polaires le point de contact, et pour axe la ligne des centres, les équations des deux cercles seront, s'ils sont tangents extérieurement,

$$\rho = 2r \cos \omega, \quad \rho = -2r' \cos \omega;$$

s'ils sont tangents intérieurement, les équations seront

$$\rho = 2r \cos \omega, \quad \rho = 2r' \cos \omega.$$

On voit dans chacun de ces cas que l'origine, c'est-à-dire le point de contact, est un centre de similitude.

Si une circonférence O est tangente à deux autres O' et O'', la ligne qui joint les points de contact passe donc (art. 95) par l'un des centres de similitude de O' et O''; ce sera le centre de similitude directe si la circonférence O touche les deux autres toutes deux extérieurement ou toutes deux intérieurement; ce sera le centre de similitude inverse si la circonférence O touche l'une des autres extérieurement et la seconde intérieurement.

97. *Décrire un cercle tangent à trois cercles donnés.*
Soient

$$(x - a)^2 + (y - b)^2 - r^2 = S = 0,$$
$$(x - a')^2 + (y - b')^2 - r'^2 = S' = 0,$$
$$(x - a'')^2 + (y - b'')^2 - r''^2 = S'' = 0,$$

les équations des cercles donnés.

Pour que deux cercles soient tangents, il faut et il suffit que la distance de leurs centres soit égale à la somme, ou à la différence, de leurs rayons. Si donc nous désignons par x et y les coordonnées du centre du cercle tangent et par R son rayon, nous aurons les trois équations

$$(x - a)^2 + (y - b)^2 = (R \pm r)^2,$$
$$(x - a')^2 + (y - b')^2 = (R \pm r')^2,$$
$$(x - a'')^2 + (y - b'')^2 = (R \pm r'')^2.$$

Comme on peut prendre indistinctement le signe + ou le signe — devant r, r', r'', on voit qu'il y aura en général huit cercles satisfaisant à la question.

Occupons-nous d'abord de celui qui touche extérieurement chacun des trois cercles donnés.

Il faut dans ce cas prendre r, r', r'' avec le signe plus, de sorte que d'après la définition de S, S', S'' les équations peuvent s'écrire

$$S + r^2 = (R + r)^2, \quad S' + r'^2 = (R + r')^2,$$
$$S'' + r''^2 = (R + r'')^2.$$

On en déduit

$$S - S' = 2R\,(r - r'), \quad S' - S'' = 2R\,(r' - r'')$$

et

$$\frac{S - S'}{r - r'} = \frac{S' - S''}{r' - r''}.$$

Cette dernière équation, à laquelle satisfont les coordonnées du centre du cercle tangent, représente une droite passant (art. 83) par le centre radical des trois cercles donnés.

Si l'on chasse les dénominateurs et qu'on mette pour S, S', S'' leurs valeurs, cette équation devient

$$-2y\left[b(r' - r'') + b'(r'' - r) + b''(r - r')\right]$$
$$-2x\left[a(r' - r'') + a'(r'' - r) + a''(r - r')\right]$$
$$+ (a^2 + b^2 - r^2)(r' - r'') + (a'^2 + b'^2 - r'^2)(r'' - r)$$
$$+ (a''^2 + b''^2 - r''^2)(r - r') = 0.$$

En la comparant à celle de l'axe de similitude trouvée à l'article 94 on reconnaît que la droite ci-dessus, qui contient le centre du cercle tangent et passe par le centre radical des trois cercles donnés, est perpendiculaire à l'axe qui contient leurs trois centres de similitude directe.

Ce résultat trouvé pour le cercle qui touche *extérieurement* chacun des cercles donnés est vrai aussi pour le cercle qui les enveloppe en touchant *intérieurement* chacun d'eux, car pour ce dernier les rayons r, r', r'' doivent être changés de signes, ce qui n'altère en rien l'équation

$$\frac{S - S'}{r - r'} = \frac{S' - S''}{r' - r''}.$$

Nous en conclurons que *la perpendiculaire abaissée du centre radical des trois cercles donnés sur l'axe qui contient leurs centres de similitude directe, passe par les centres des deux cercles tangents aux trois cercles donnés; l'un touche extérieurement* chacun d'eux, l'autre les enveloppe et le contact a lieu intérieurement.

La même méthode d'analyse nous montrera semblablement que sur chacune des perpendiculaires abaissées du centre radical sur les trois autres axes de similitude se trouveront les centres de deux cercles tangents.

En nous reportant à l'article 94, nous voyons que l'équation de l'axe $ss''S'$ ne diffère de celle de l'axe $SS'S''$ que par le signe de r'.

Des trois équations

$$S + r^2 = (R + r)^2, \quad S' + r'^2 = (R - r')^2,$$
$$S'' + r''^2 = (R + r'')^2,$$

nous arrivons à la relation

$$\frac{S - S'}{r + r'} = \frac{S' - S''}{-r' - r''},$$

qui ne diffère aussi que par le signe de r' de celle qui a été trouvée plus haut. Cette dernière équation représentera donc une droite abaissée du centre radical sur l'axe de similitude $ss''S'$ et contenant les centres de deux cercles dont l'un touche *intérieurement* C' et *extérieurement* C et C'', et dont l'autre, au contraire, touche *extérieurement* C' et *intérieurement* les deux cercles C et C''. On reconnaît, en effet, que cette équation ne change pas quand on change les signes de r, r' et r''.

Nous voyons que les huit cercles qui sont tangents aux trois cercles donnés sont répartis en quatre groupes, et que les deux cercles de chaque groupe ont leurs centres sur la perpendiculaire abaissée du centre radical sur l'un des axes de similitude.

Revenons au cercle qui touche extérieurement chacun des cercles donnés. Pour déterminer son centre, il faut avoir une seconde équation entre les coordonnées de ce point.

En éliminant R entre les deux relations

$$S + r^2 = (R + r)^2, \quad S' + r'^2 = (R + r')^2$$

on trouve

$$S = \frac{(S - S')^2}{4(r - r')^2} + \frac{r(S - S')}{r - r'},$$

équation du second degré qui sert à résoudre algébriquement le problème, mais n'en donne pas une solution géométrique.

98. Pour arriver à une construction géométrique du problème, cherchons les points de contact du cercle tangent avec

les trois cercles donnés, et commençons par le contact avec le cercle C dont le rayon est r.

En nommant X et Y les coordonnées de ce point et désignant toujours par x et y celles du centre de ce cercle tangent, nous aurons

$$\frac{x-a}{X-a} = \frac{y-b}{Y-b} = \frac{R+r}{r},$$

et si pour plus de simplicité nous prenons le centre du cercle C pour origine, ces dernières relations donnent

$$x = X\,\frac{R+r}{r}, \quad y = Y\,\frac{R+r}{r}.$$

En remplaçant x et y par ces valeurs dans l'équation

$$S - S' = 2R\,(r - r')$$

en observant que

$$S = x^2 + y^2 - r^2,$$

nous obtenons

$$2\,\frac{R+r}{r}\,(a'X + b'Y) - a'^2 - b'^2 + r'^2 - r^2 = 2R(r - r'),$$

que nous pouvons écrire, en ajoutant aux deux membres

$$\frac{R}{r}\,[r'^2 - r^2 - a'^2 - b'^2],$$

$$(R+r)[2a'X + 2b'Y - a'^2 - b'^2 + r'^2 - r^2] = R\,[(r-r')^2 - a'^2 - b'^2].$$

L'équation

$$S - S'' = 2R\,(r - r'')$$

donnera semblablement

$$(R+r)[2a''X + 2b''Y - a''^2 - b''^2 + r''^2 - r^2] = R\,[(r-r'')^2 - a''^2 - b''^2].$$

En éliminant R nous aurons

$$\frac{2a'X + 2b'Y - a'^2 - b'^2 + r'^2 - r^2}{(r-r')^2 - a'^2 - b'^2} = \frac{2a''X + 2b''Y - a''^2 - b''^2 + r''^2 - r^2}{(r-r'')^2 - a''^2 - b''^2}.$$

Le point de contact du cercle tangent avec le cercle C se trouvera donc à l'intersection de ce dernier avec la droite que représente l'équation que nous venons de trouver quand on y considère X et Y comme coordonnées courantes.

Cette droite est facile à construire.

On voit, en effet, qu'elle passe par l'intersection des deux lignes

$$2a'\,\mathrm{X} + 2b'\,\mathrm{Y} - a'^2 - b'^2 + r'^2 - r^2 = 0,$$

$$2a''\,\mathrm{X} + 2b''\,\mathrm{Y} - a''^2 - b''^2 + r''^2 - r^2 = 0.$$

Or la première est l'axe radical du cercle C $(x^2 + y^2 - r^2 = 0)$ et du cercle C′ $[(x - a')^2 + (y - b')^2 - r'^2 = 0]$; la seconde est l'axe radical de C et C″. La droite qui passe par le point de contact contient donc le centre radical des trois cercles C, C′, C″.

En retranchant l'unité aux deux membres de l'équation de cette même ligne, elle devient

$$\frac{a'\,\mathrm{X} + b'\,\mathrm{Y} + r\,(r' - r)}{(-r')^2 - a'^2 - b'^2} = \frac{a''\,\mathrm{X} + b''\,\mathrm{Y} + r\,(r'' - r)}{(r - r'')^2 - a''^2 - b''^2}.$$

Sous cette forme on reconnaît que là droite qui détermine le point de contact avec le cercle C passe par le point de concours des lignes

$$a'\,\mathrm{X} + b'\,\mathrm{Y} + r\,(r' - r) = 0,$$
$$a''\,\mathrm{X} + b''\,\mathrm{Y} + r\,(r'' - r) = 0.$$

Mais la première de ces lignes est (art. 68) la polaire du centre de similitude de C et C′, car on peut l'écrire

$$\frac{a'\,r}{r - r'}\,\mathrm{X} + \frac{b'\,r}{r - r'}\,\mathrm{Y} = r^2,$$

et l'on voit que c'est la corde qui joint les points de contact des tangentes menées au cercle C $(\mathrm{X}^2 + \mathrm{Y}^2 = r^2)$ par le point qui a pour coordonnées

$$\frac{a'\,r}{r - r'}, \quad \frac{b'\,r}{r - r'};$$

or ce dernier est (art. 91) le centre de similitude directe de C et C′.

Semblablement la droite représentée par l'équation

$$a''\mathrm{X} + b''\mathrm{Y} + r\,(r'' - r) = 0$$

est la polaire du centre de similitude directe de C et C″.

Le point où ces deux lignes se rencontrent est donc le pôle de l'axe de similitude des trois cercles par rapport au cercle C.

Nous voyons ainsi que la droite qui par son intersection avec le cercle C donne le point de contact de ce cercle avec le cercle tangent cherché, passe par le centre radical des trois cercles donnés et par le pôle de leur axe de similitude pris par rapport au cercle C. On est donc conduit à cette construction (fig. 50) :

Chercher par rapport à chacun des cercles donnés le pôle de leur axe de similitude (qui contient les centres de similitude directe) et joindre ces trois points au centre radical. On obtient ainsi les points de contact des cercles donnés avec le cercle cherché.

La même construction donne aussi les points de contact des trois cercles avec celui qui les enveloppe en les touchant intérieurement, car les résultats obtenus restent les mêmes quand on y change à la fois les signes de r, r', r''.

On trouvera des constructions semblables pour les six autres cercles tangents en se servant des trois autres axes de similitude.

99. *Des considérations purement géométriques conduisent à la même construction.*

En effet, soient a et b, a' et b', a'' et b'' les points de contact des cercles donnés C, C', C'' avec les cercles tangents $aa'a''$, $bb'b''$.

D'après ce qui a été vu (art. 96), la ligne ab qui joint les points de contact de C avec les cercles tangents passe par le centre de similitude inverse de ces derniers. Il en est de même des lignes $a'b'$ et $a''b''$. Ces trois droites se rencontrent donc en un même point R.

Les points a et a' sont ceux où le cercle $aa'a''$ touche C et C'; la ligne aa' doit donc (art. 96) passer par le centre S'' de similitude directe de C et C'. Il en est de même de bb'. Alors les deux droites ab, $a'b'$ doivent (art. 93) concourir sur l'axe radical des cercles C et C'.

Pour une même raison ab et $a''b''$ concourent sur l'axe radical de C et C''. Le point R est donc le centre radical des trois cercles donnés; nous avons vu plus haut que c'est aussi le centre de similitude inverse des deux cercles tangents.

Les rayons vecteurs Ra, Rb menés aux cercles $aa'a''$, $bb'b''$ par leur centre de similitude inverse, ayant une même direction, n'aboutissent pas à des points homologues; il en est de même de Ra' et Rb'; les lignes aa', bb' doivent donc (art. 93) concourir sur l'axe radical des cercles $aa'a''$, $bb'b''$. Mais ce point de concours est le centre S'' de similitude, ce centre et aussi S' et S sont donc sur l'axe radical des deux centres tangents. Nous voyons ainsi que cet axe radical est l'axe de similitude des trois cercles donnés.

La ligne qui joint les centres des cercles tangents $aa'a''$, $bb'b''$ doit passer par leur centre de similitude R et de plus être perpendiculaire à leur axe radical SS'S''; nous retrouvons donc, ce que nous avait fourni la méthode analytique (art. 97), que les centres des cercles tangents extérieurement et intérieurement sont situés sur une perpendiculaire abaissée du centre radical des trois cercles donnés sur leur axe de similitude.

Le cercle C touchant en a et en b les deux cercles $aa'a''$, $bb'b''$ les tangentes en ces points doivent (art. 93) se couper sur l'axe radical SS'S'' de ces deux cercles. Le pôle de ab (art. 68) est donc sur cet axe, et par conséquent SS'S'' (art. 69) a son pôle sur ab.

Pour des raisons semblables, $a'b'$ et $a''b''$ passent par les pôles de SS'S'' par rapport aux cercles C' et C''.

Nous arrivons ainsi à la construction trouvée (art. 98) par l'analyse : *chercher le pôle de l'axe de similitude par rapport à chacun des cercles donnés et joindre ces points au centre radical. Ces trois lignes ainsi tracées déterminent sur les cercles donnés les points de contact avec les deux cercles qui les touchent extérieurement et intérieurement.*

On trouve par une méthode semblable les six autres solutions du problème.

FIN

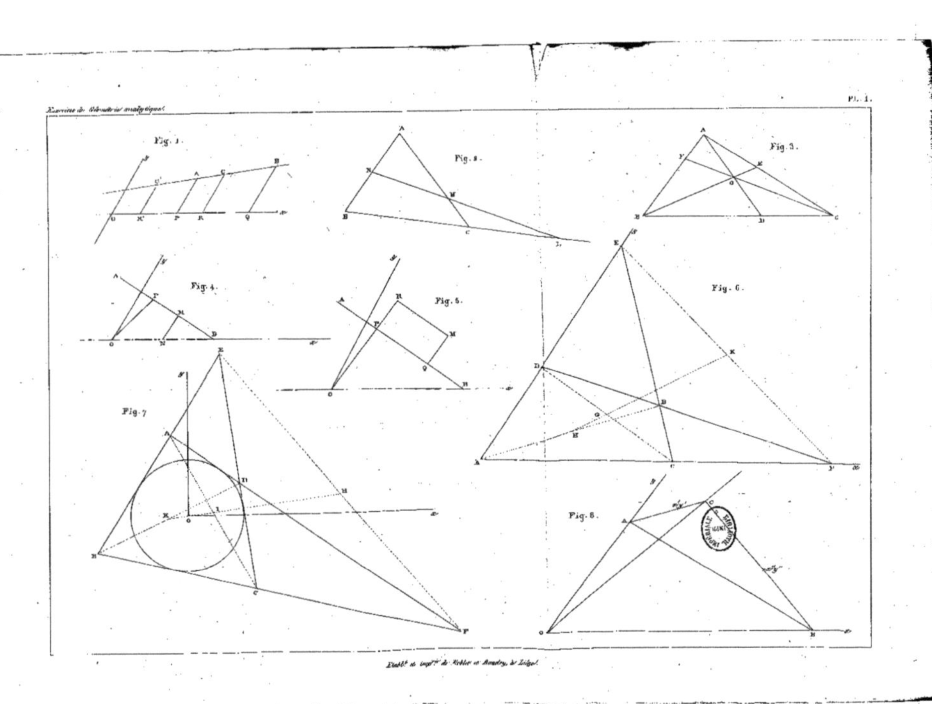

Fig. 1.
Fig. 2.
Fig. 3.
Fig. 4.
Fig. 5.
Fig. 6.
Fig. 7.
Fig. 8.

Pl. 2.

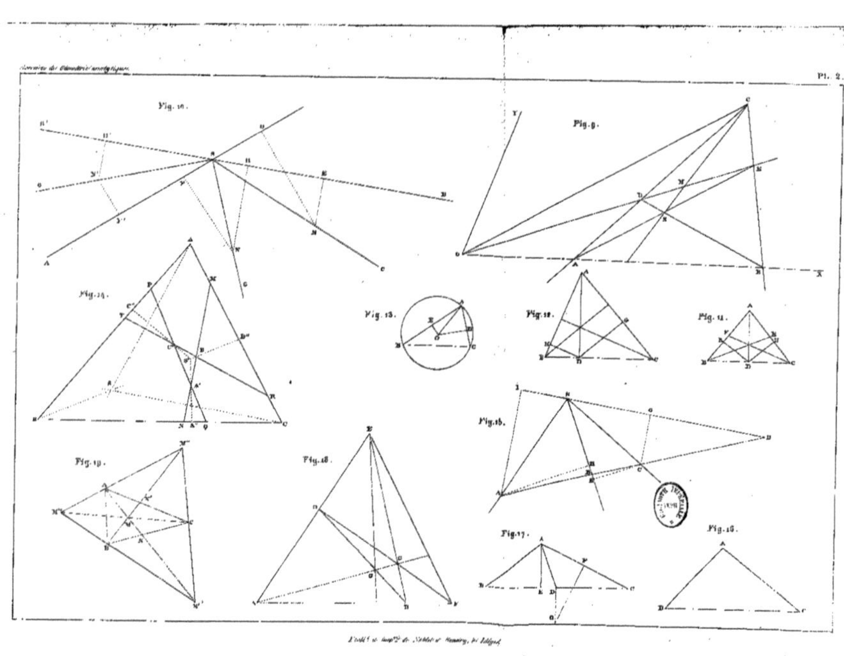

Fig. 16.
Fig. 9.
Fig. 14.
Fig. 13.
Fig. 12.
Fig. 11.
Fig. 15.
Fig. 19.
Fig. 18.
Fig. 17.
Fig. 10.

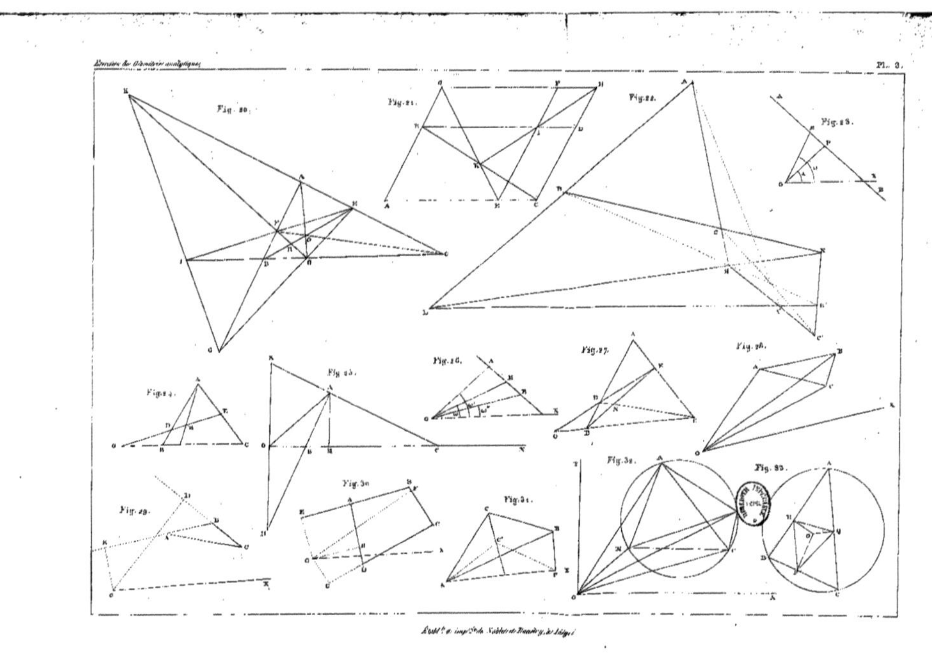
Fig. 20.
Fig. 21.
Fig. 22.
Fig. 23.
Fig. 24.
Fig. 25.
Fig. 26.
Fig. 27.
Fig. 28.
Fig. 29.
Fig. 30.
Fig. 31.
Fig. 32.
Fig. 33.

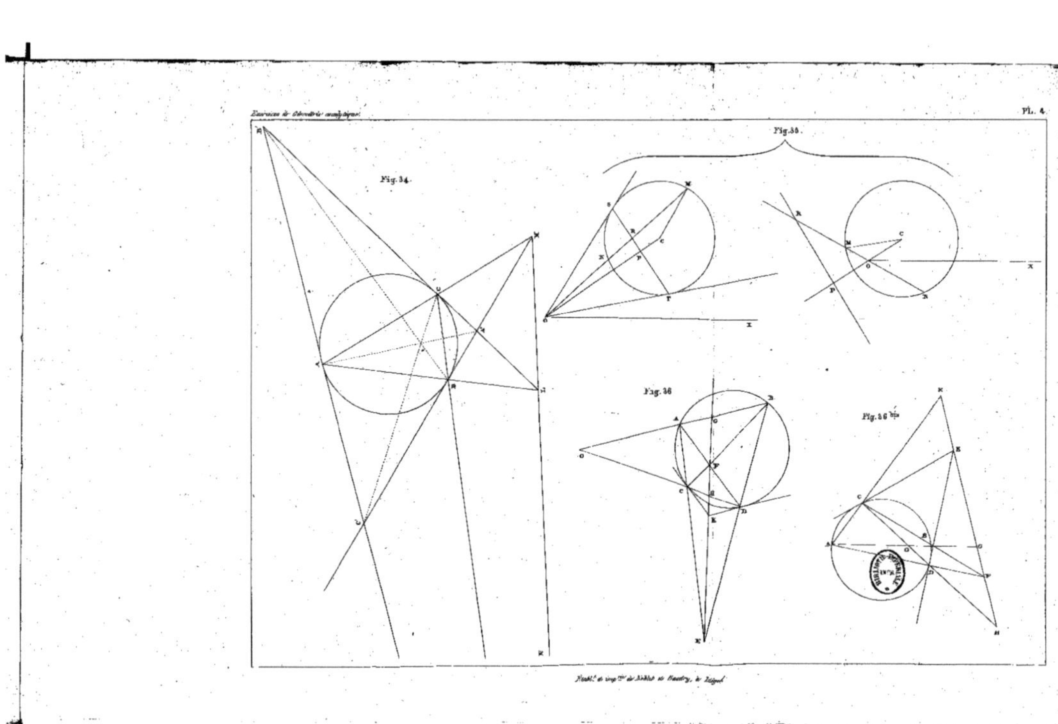

Fig. 34.
Fig. 35.
Fig. 36.
Fig. 36 bis.

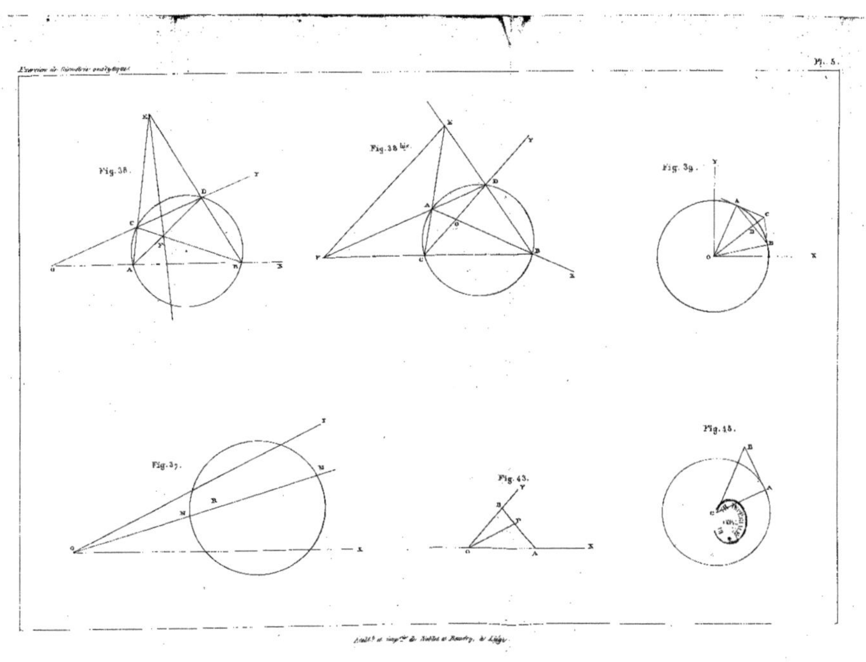

Fig. 38.
Fig. 38 bis.
Fig. 39.
Fig. 37.
Fig. 43.
Fig. 45.

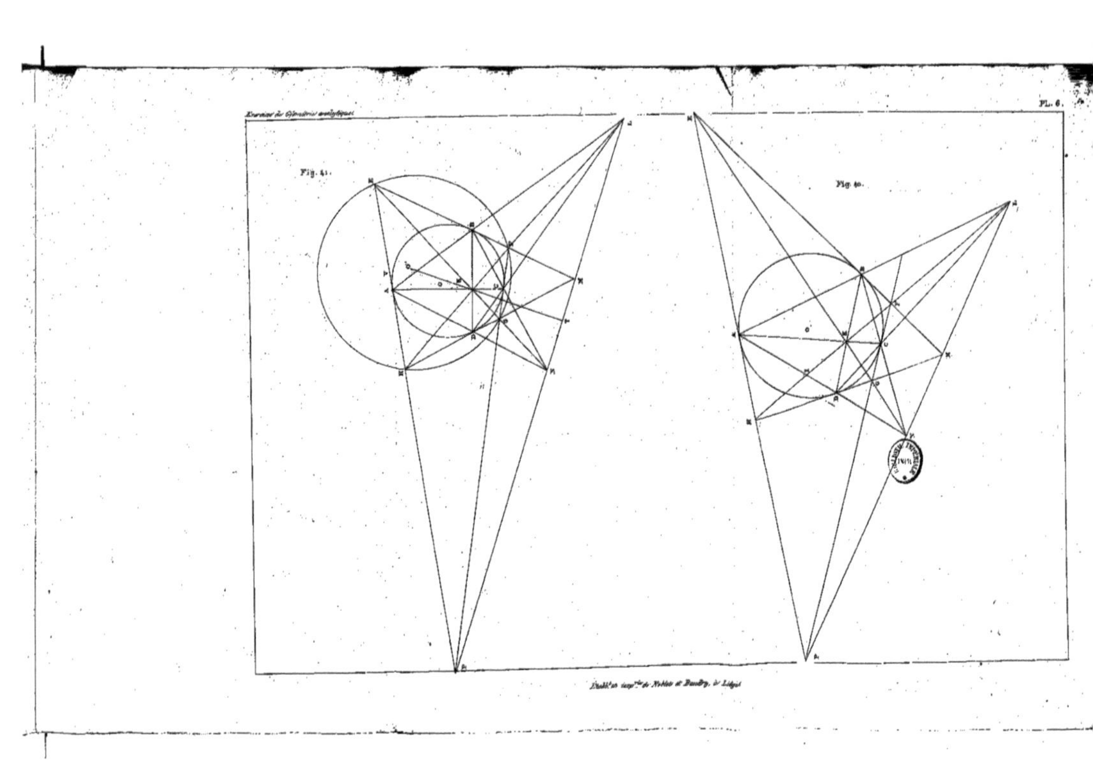

Publié au dépôt de Noblet et Baudry, à Liége

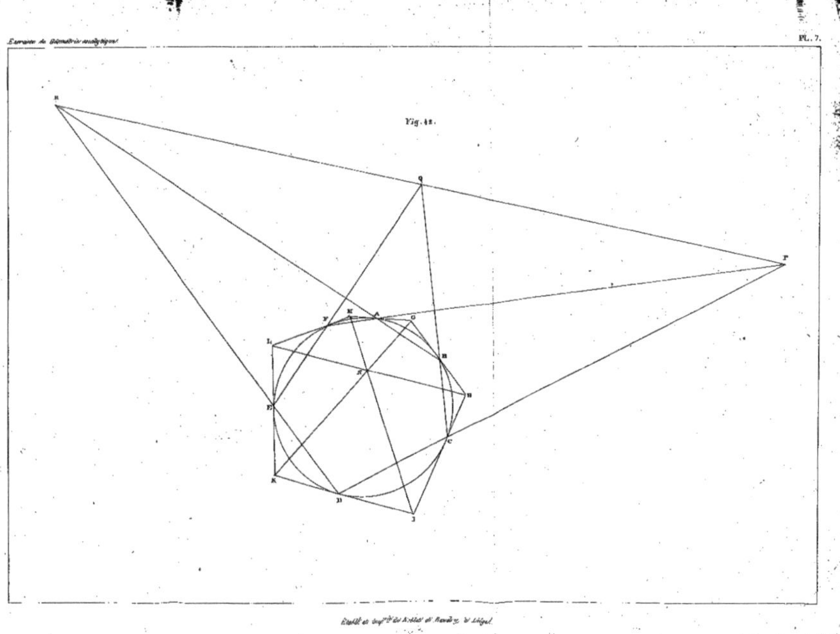

Fig. 42.

Fig. 44.

Fig. 46.

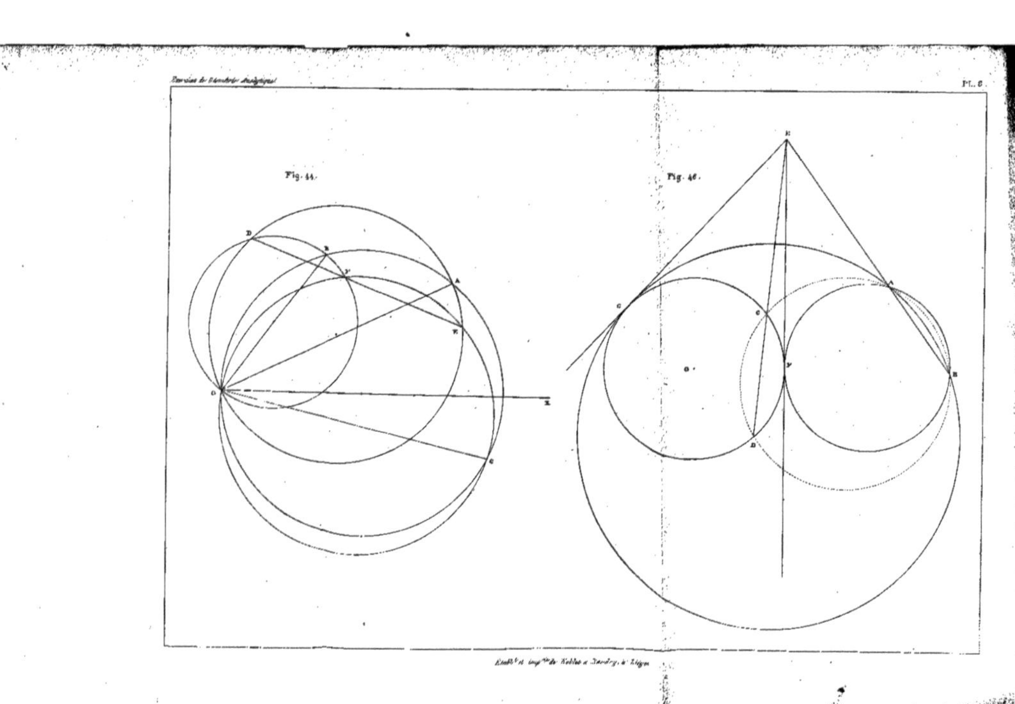

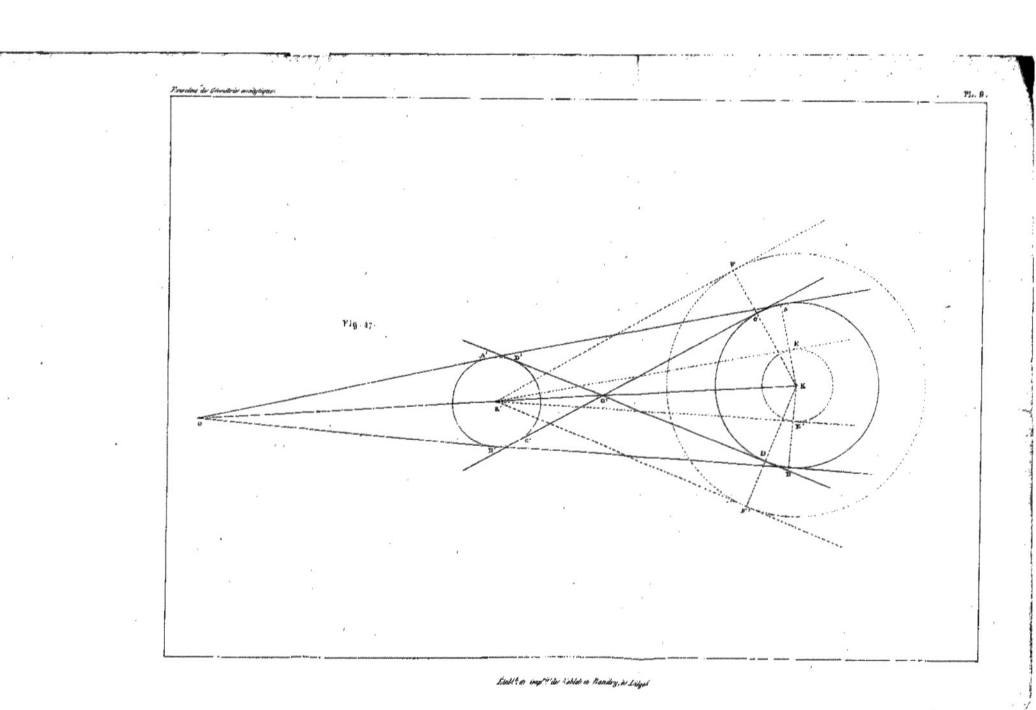

Établ.t et imp.rie de Schlat et Mandry, à Liège

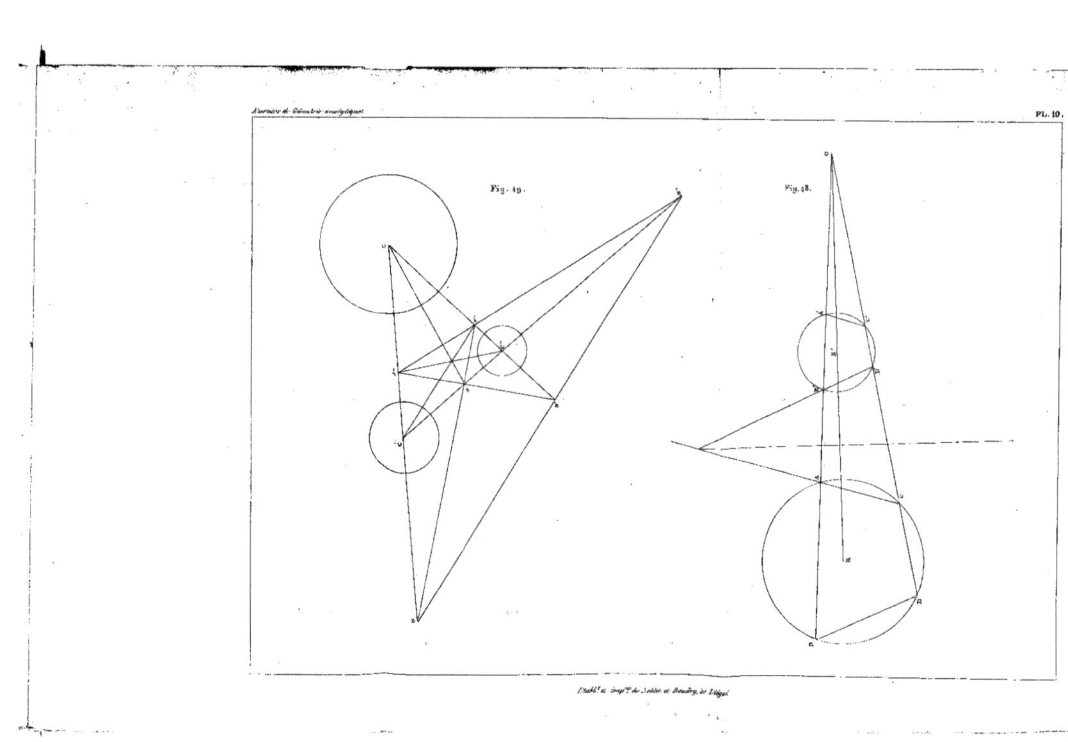

Fig. 49.
Fig. 48.

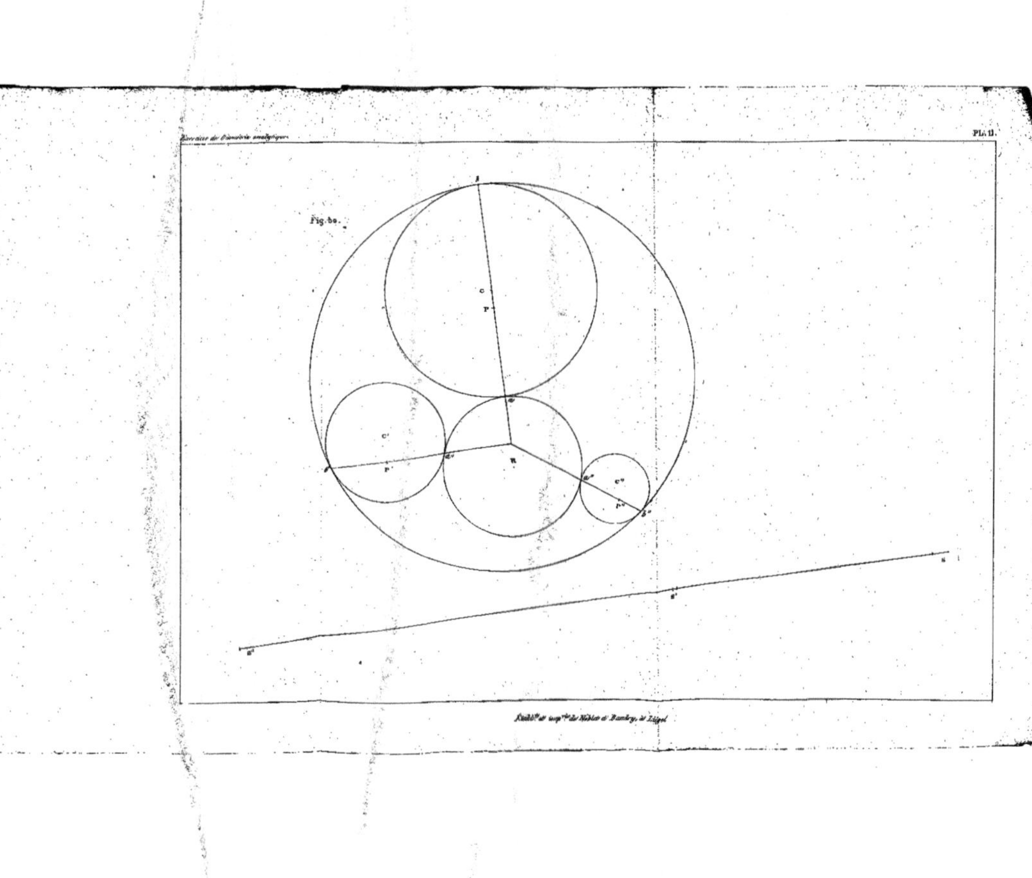

Publié et imp.té de Nobleau et Bauley, à Liège.

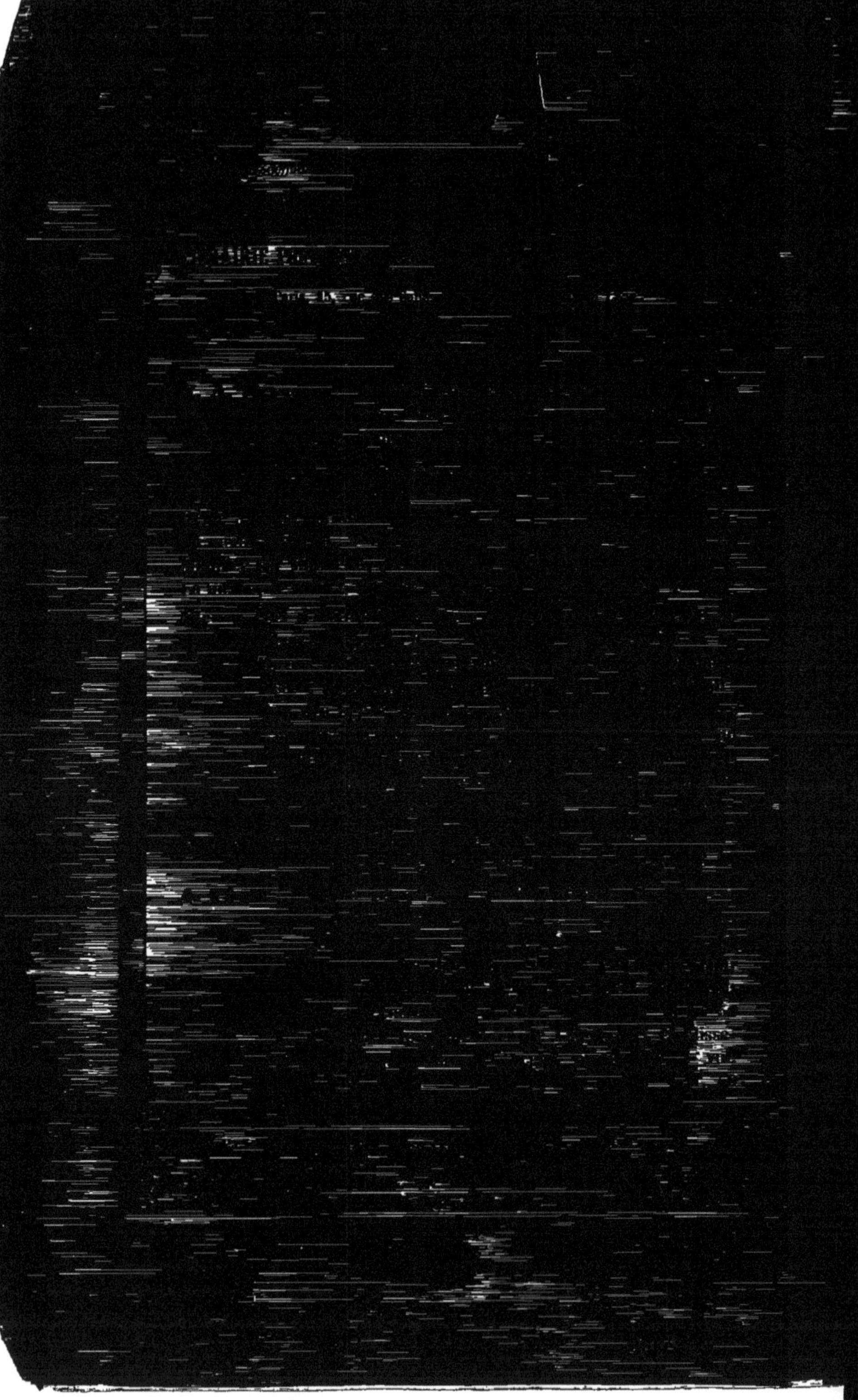